产品设计
手绘表现技法专业教程

滕依林 ——————————————— 编著

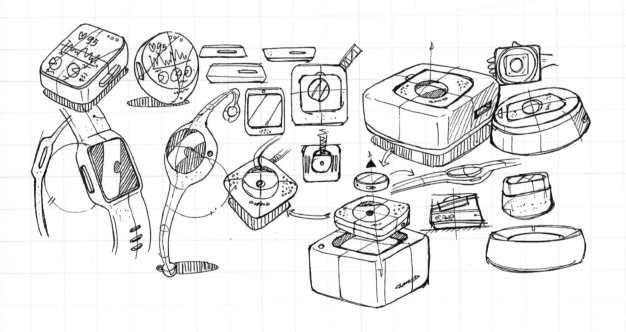

人民邮电出版社

北京

图书在版编目（CIP）数据

产品设计手绘表现技法专业教程 / 滕依林编著.

北京 ： 人民邮电出版社, 2024. -- ISBN 978-7-115

-65110-5

I. TB472

中国国家版本馆 CIP 数据核字第 2024225X4R 号

内 容 提 要

这是一本关于产品设计手绘的教程。全书从产品设计的实际流程出发，结合设计思维，对产品设计手绘的表现技法进行了全面的讲解。

本书共 9 章，第 1 章讲解产品设计手绘的基础知识，第 2~8 章分别讲解透视与视角的表现、线条的表现、面的表现、体与倒角的表现、马克笔的上色技法、光影的表现、材质与色彩的表现等，第 9 章是产品设计手绘的综合案例实训。本书从不同角度切入，一步一步为读者分析、归纳和总结产品设计手绘的表现技法。为了让读者更高效地学习，本书还配有教学视频，读者可结合视频学习本书内容。另外，附赠《产品设计手绘拓展进阶手册》电子书，内容包含排版布局、平面造型、立体造型的技巧讲解及相应产品的绘制流程，帮助读者拓展知识面。同时，附赠 PPT 课件，供教师教学使用。

本书适合产品设计相关专业的学生、教师和产品设计师阅读。

◆ 编 著 滕依林
　 责任编辑 张丹阳
　 责任印制 陈 犇
◆ 人民邮电出版社出版发行　北京市丰台区成寿寺路 11 号
　 邮编 100164　电子邮件 315@ptpress.com.cn
　 网址 https://www.ptpress.com.cn
　 中国电影出版社印刷厂印刷
◆ 开本：787×1092　1/16
　 印张：12　　　　　　　　　 2024 年 12 月第 1 版
　 字数：350 千字　　　　　　 2024 年 12 月北京第 1 次印刷

定价：99.80 元
读者服务热线：(010)81055410　印装质量热线：(010)81055316
反盗版热线：(010)81055315
广告经营许可证：京东市监广登字 20170147 号

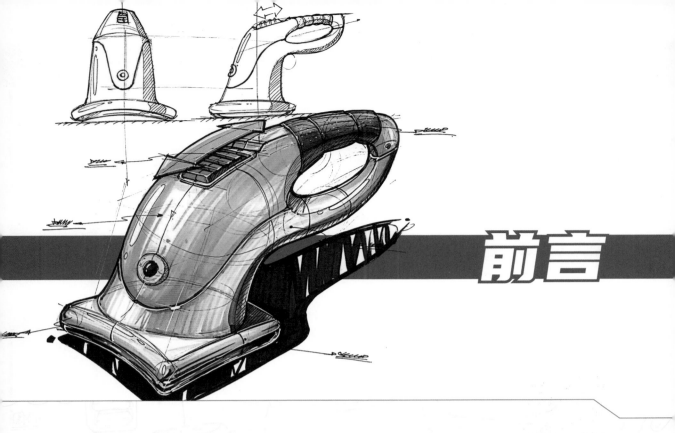

前言

在实际的产品设计手绘教学过程中，我发现有一些学员是跨专业学习工业产品设计的，这部分人往往没有美术基础，属于完全的零基础学员；也有一些学员虽然是相关专业的学生，但大多存在手绘基础薄弱的问题；还有一些学员虽然学习过手绘，但由于各种原因走了不少弯路，未能建立起完善的手绘知识体系，更不能灵活运用这项技能。

针对上述问题，我结合自身经验和教学过程中学员遇到的实际问题，对产品设计手绘表达的方法进行了系统的梳理，编撰成了本书。由于产品设计学科自身的综合性与复杂性，本书在内容上无法面面俱到，经过反复修改和提炼，保留了核心知识点，重点突出，并兼顾系统性、完整性。希望本书能成为我与读者沟通的媒介，并且对读者有所帮助。

本书架构清晰，图文并茂，并辅以教学视频，能够让读者高效地掌握产品设计手绘的原理和造型方法。

在本书的编写过程中，许江老师、姚丹老师及追梦设计考研培训中心提供了大力支持，人民邮电出版社编辑给予了指导和帮助，在此表示由衷的感谢！

滕依林

2024年6月

资源与支持

本书由"数艺设"出品,"数艺设"社区平台(www.shuyishe.com)为您提供后续服务。

配套资源

教学视频:案例绘制思路和绘制细节讲解视频。
电子书:70多页的《产品设计手绘拓展进阶手册》电子书。
拓展进阶视频:电子书中案例绘制思路和绘制细节讲解视频。
PPT课件:9个教师专享PPT课件。

 ◀ 微信扫描二维码关注公众号后,输入 51 页左下角的 5 位数字,得到资源获取帮助。

 ◀ 微信扫描二维码,在线观看教学视频。

"数艺设"社区平台,为艺术设计从业者提供专业的教育产品。

与我们联系

我们的联系邮箱是szys@ptpress.com.cn。如果您对本书有任何疑问或建议,请您发邮件给我们,并请在邮件标题中注明本书书名及ISBN,以便我们更高效地做出反馈。

如果您有兴趣出版图书、录制教学课程,或者参与技术审校等工作,可以发邮件给我们。如果学校、培训机构或企业想批量购买本书或"数艺设"出版的其他图书,也可以发邮件联系我们。

关于"数艺设"

人民邮电出版社有限公司旗下品牌"数艺设",专注于专业艺术设计类图书出版,为艺术设计从业者提供专业的图书、视频电子书、课程等教育产品。出版领域涉及平面、三维、影视、摄影与后期等数字艺术门类,字体设计、品牌设计、色彩设计等设计理论与应用门类,UI设计、电商设计、新媒体设计、游戏设计、交互设计、原型设计等互联网设计门类,环艺设计手绘、插画设计手绘、工业设计手绘等设计手绘门类。更多服务请访问"数艺设"社区平台www.shuyishe.com。我们将提供及时、准确、专业的学习服务。

我认识滕依林多年。他从读本科到成为我的研究生，再到毕业后从事设计相关教育培训工作，一直都在研究设计手绘表达，所以才能有今天的成果。

无论现今设计工具和技术如何飞速发展，设计手绘在工业产品领域依然具有不可替代的地位，也仍是设计师的一项必备技能。学习设计手绘表达是一个逐步修炼的过程，为了不被炫目的技法效果所迷惑，初学者需要从最简单的线、面等开始扎实练习，不怕拙才能越来越巧。

本书从手绘基础知识讲起，依次讲解了线、面、体的表达，不同形体的表达及不同材质的表达，还讲解了完整产品的表达等，可以说是一本非常实用的产品设计手绘教材。

江南大学设计学院副教授/硕士生导师 沈杰

表达能力是评判一个设计师综合素质的重要指标之一，这种表达涵盖与语言、文字、肢体动作、手绘与模型制作等方面相关能力。其中手绘能力被誉为设计师的独门语言，是设计师之间、设计师与客户之间沟通的桥梁。对于工业设计和产品设计专业学生而言，掌握了手绘表现技法，便是掌握了一门语言，它不仅能让沟通变得容易，还有助于他们进一步的学习和研究。

在本书中，你不仅可以学习到各种材质的表现技法，还能了解到不同的造型技巧。更重要的是本书最后的综合案例实训，它将设计表达推向实际应用层面，充分体现了学以致用的教学理念。此外，本书还配有教学视频，绘画过程清晰可见，还能反复播放，对于手绘初学者而言，学习体验更佳，学习效果更好。

作为作者曾经的老师和现在的创业合作伙伴，一路走来，我见证了滕依林的成长与进步。本书是他付出多年心血的劳动成果，衷心推荐给大家。

宁波大学潘天寿建筑与艺术设计学院副教授 许江

在计算机辅助工业设计软件高度发达的今日，工业产品设计手绘依旧保持着特殊魅力和重要地位，在相关专业学生和从业设计师进行设计灵感发散、造型推敲和项目落地等阶段发挥着重要的作用。快速高效的手绘表达，可捕捉刹那间迸发的灵感火花，将脑海中的设计构思跃然纸上，为设计交流搭建起高效的信息可视化桥梁，真正做到"一图胜千言"。工业产品设计手绘作为专业学生和从业设计师必备的基础技能，不会也不应该完全被软件所替代，手绘和软件表现就好似人的左右手，都非常重要。

我与本书作者滕依林熟识多年，他也是我的得意门生之一。这是一本适合零基础读者学习产品设计手绘表达的书，融合了作者多年的工业产品设计实践和手绘教学经验。本书架构清晰，内容丰富，图文并茂，并搭配教学视频，掰开揉碎地讲解原理知识，可以使读者的学习更加清晰直观。书中还提供了高效的训练方法和实用案例，旨在帮助初学者少走弯路。此外，本书可以为高校学生的专业学习、升学考试，为从业设计师实际设计工作提供有力的帮助。

广东工业大学艺术与设计学院副教授/硕士生导师 姚丹

目录

📹 表示有教学视频

目录

第7章 光影的表现..................123

第8章 材质与色彩的表现..................145

第9章 综合案例实训 181

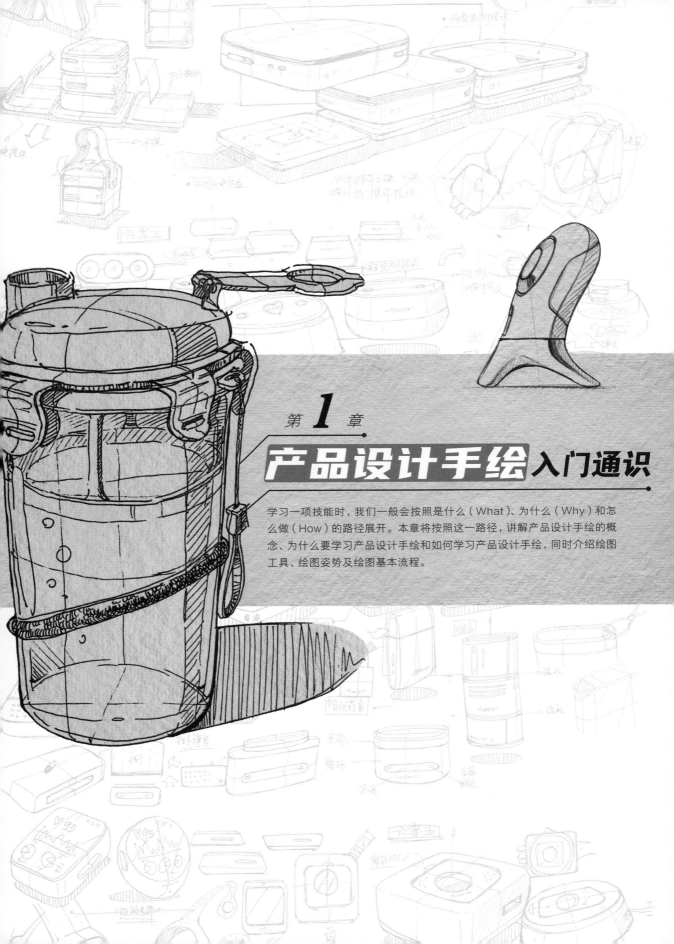

第 1 章
产品设计手绘入门通识

学习一项技能时，我们一般会按照是什么（What）、为什么（Why）和怎么做（How）的路径展开。本章将按照这一路径，讲解产品设计手绘的概念、为什么要学习产品设计手绘和如何学习产品设计手绘，同时介绍绘图工具、绘图姿势及绘图基本流程。

1.1 认识产品设计手绘

本节将从基本概念和分类两个方面讲解产品设计手绘。

1.1.1 基本概念

产品设计手绘是服务于产品设计、工业设计学科及行业的一项专业技能，是工业产品设计师的专用语言。对工业产品设计师来说，手绘是一项基本的技能，对手绘的学习贯穿职业生涯的始终。产品设计手绘是对工业产品进行构思设计、研究推敲和效果展示的一种技术手段，以徒手画的形式，快速高效地进行产品形、色、质等设计要素的表达。

产品设计手绘草图

产品设计手绘与传统绘画存在着联系和区别。产品设计手绘以传统绘画的原理和表现技法为基础，从素描、色彩和速写三大基础美术训练中汲取养分，升华成专为设计工作服务的一项手绘技能。设计手绘草图实际上是从速写演化而来的，故又称为设计速写，而产品手绘结构表达来自结构素描。

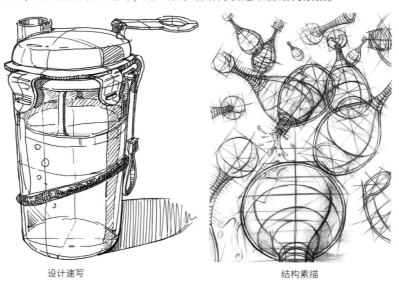

设计速写   结构素描

传统绘画更加注重艺术创作者的情感抒发，而产品设计手绘是技术与艺术的结合，是感性与理性的融合。产品设计手绘要求设计师除了应用素描、色彩和速写等美术基础知识满足审美需求，还需注重对产品功能、结构、原理和人机关系等理性因素的把握，使设计的产品既美观又实用，能够满足审美、情感与功能性等多重需求。

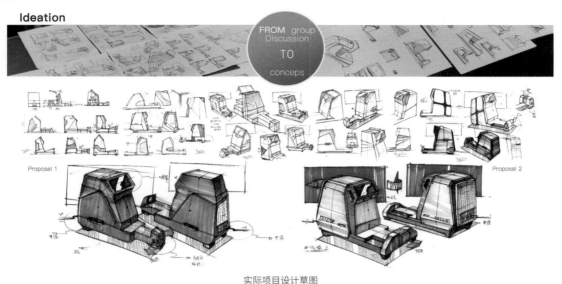

实际项目设计草图

1.1.2 类别划分

　　前面讲解了产品设计手绘的概念，下面讲解产品设计手绘的基本分类。

• 从表现工具上划分

　　产品设计手绘从表现工具上可分为传统纸笔手绘和现代数字手绘。传统纸笔手绘常用的是纸和笔等工具，常用的线稿绘制工具有彩色铅笔、针管笔、圆珠笔和钢笔等，常用的上色工具有马克笔、色粉笔和水彩笔等，常用的纸有打印纸、马克笔专用纸和牛皮纸等。

　　现代数字手绘使用数位板或平板电脑结合专业软件（Photoshop、CorelDRAW、Procreate等）进行绘制，其优势为易于存储、可反复修改和画面效果丰富等。另外，还可以使用三维软件对数字手绘作品进行渲染，以展示最终产品效果，从而极大地提高工作效率。

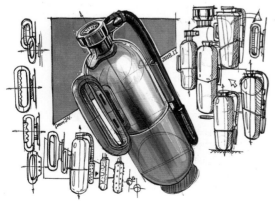

传统纸笔手绘

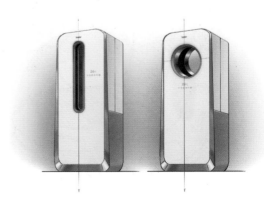

数位板结合 Photoshop 绘制

• 从应用场景上划分

产品设计手绘从应用场景上可分为灵感性草图、说明性草图、最终效果草图和工程性草图。灵感性草图用于记录设计灵感，说明性草图用于说明产品结构功能，最终效果草图用于展示产品最终效果，工程性草图用来标注尺寸和工艺等。

灵感性草图

灵感性草图又称概念设计草图，设计师经过前期调研分析后，将头脑中的想法反映到纸面上形成草图。此时的设计方案还较为模糊，需要多次进行头脑风暴。在这一阶段，设计师通过简单快速的勾勒和上色，探讨更多的可能性，不断激发和记录灵感，为下一步工作做准备。初期的灵感性草图是设计师自己与自己沟通的工具，所以在这一阶段，设计师不必在意绘画风格和刻画的细致程度。

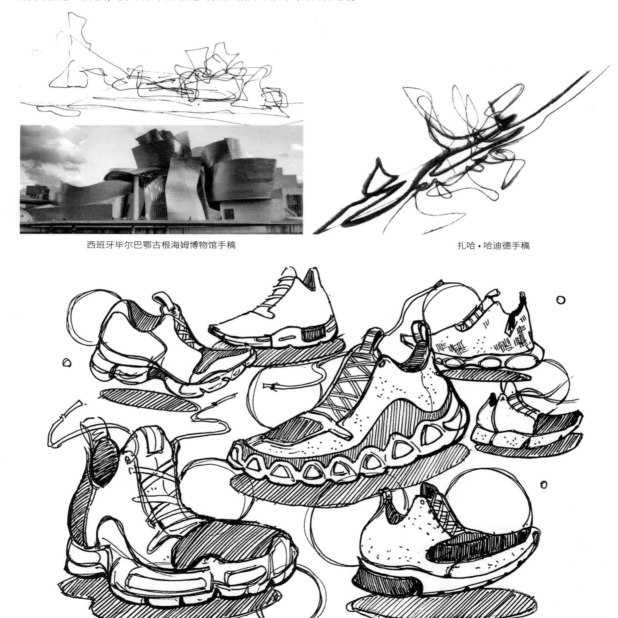

西班牙毕尔巴鄂古根海姆博物馆手稿　　　　　　　　　　　　　扎哈•哈迪德手稿

运动鞋设计灵感性草图

说明性草图

说明性草图也称为结构性草图，是设计师与同行进行沟通的工具，可方便其他设计参与者把握设计要点，减小理解误差。从灵感性草图转换为说明性草图时，会用到一些专业的表现方式，如结构线、箭头指示、结构说明和爆炸图等。说明性草图要更精细，产品的造型结构要更完善，同时表现出产品的材质、工艺和配色等。

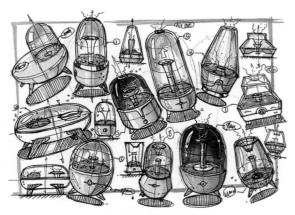

加湿器设计说明性草图

最终效果草图

最终效果草图要让非设计学科的人看得懂，很多时候用来向公司决策者或客户做汇报。最终效果草图需要真实地展现产品最终的外观形态、内部结构、应用材料、色彩搭配、加工工艺、使用或操作方式，以及人机比例关系等。最终效果草图不局限于使用传统纸笔工具来表现，也可以通过计算机制图或建模渲染等方式表现。设计师应根据具体项目灵活选择绘制工具或表现方式，对最终效果草图进行精细的刻画。

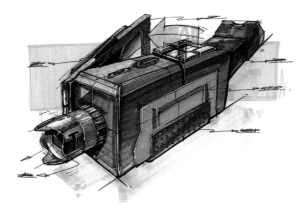

摄像机设计最终效果草图

工程性草图

工程性草图属于工程制图的范畴，一般需要用专业软件来制作，也会用手绘的方式来表现。其主要作用是方便与结构工程师或后端开发人员沟通，共同探讨产品实际生产的可实现性。工程性草图常见形式有三视图、六视图、剖面图和爆炸图等，要求选择合适的视角对尺寸进行详细标注，对装配方式、生产加工工艺和材料选择进行详细说明。绘制工程性草图要求设计师对实际生产加工的熟悉程度较高，并且实践能力较强。

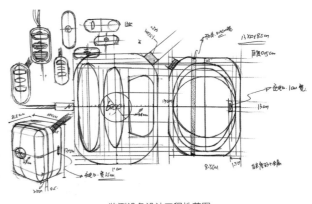

监测设备设计工程性草图

1.2 为什么要学习产品设计手绘

为什么要学习产品设计手绘？首先，手绘是设计师的必备技能，也是成为设计师必须满足的条件；其次，拥有手绘能力是从事设计行业的基本要求；最后，手绘能力已成为设计师的加分项。

• 设计师的必备技能

对设计师而言,产品设计手绘是将大脑中的创意通过纸笔等媒介反映到纸面上的一种技能。它是设计师应具备的一项基本能力,就好比摄影师需要掌握相机的使用技巧,厨师需要掌握烹饪的技巧。在构思产品的过程中,设计师通过手绘的形式不断激发创意灵感,修正设计方案。不同设计师的产品设计图风格和表现形式各异,但都倾注了设计师的心血,寄托着设计师对更加完美产品的向往与追求,是设计师职业精神和自我价值的一种表现。

• 从事设计行业的基本要求

随着时代的发展,设计行业对从业者的要求越来越高。设计师需具备的能力包括逻辑思维、归纳总结、手绘表现、建模渲染和排版设计等。在从事本行业工作时,手绘是设计师创造性思维的载体,是与同事进行交流协作的纽带,也是与客户沟通的桥梁。因此要成为一名合格的工业产品设计师,手绘能力尤为重要。

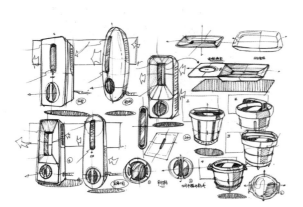
空调项目前期草图(手绘表现)

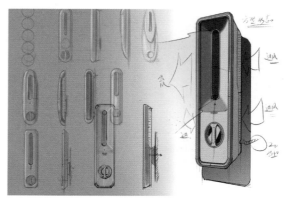
空调项目第二轮草图(Photoshop 表现)

• 设计师的加分项

手绘能力让人在考研、出国留学、求职和升职加薪等自我提升路径中显示出独特的优势。较强的手绘功底是设计师的加分项。很多院校的招生考试都十分看重学生的手绘表达能力,将专业课手绘快题设置为考试科目。国外有些学校招收留学生时不仅要求准备相关专业的作品集,还要求准备一本手绘本,主要目的是考查学生的手绘基本能力和独立思考能力,从手绘本中发现学生的创造性和可塑性。一些公司的招聘要求中,会单独强调"手绘能力强者优先考虑",这反映出公司对手绘能力的重视。

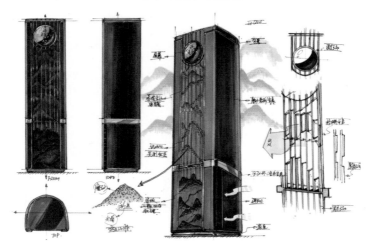
空调项目草图

1.3 零基础如何学习产品设计手绘

拥有一定的美术基础对于学习产品设计手绘有很大的帮助,但并不一定能很好地掌握产品设计手绘。因为美术与产品设计手绘之间存在着区别,即使是有美术基础的读者也必须进行一系列的训练,才能满足产品设计手绘的创意造型表达的需要。

• 树立正确的手绘观

在学习产品设计手绘前,要认识和了解产品设计手绘的作用和目的。产品设计手绘的一个显著特点就是:不需要设计师阐述,观者就能看明白画面要表达的内容。产品设计手绘作为服务设计的一种工具,通过手绘来表达创意和构思,用图形来进行高效的沟通。产品设计是技术与艺术的融合,是理性思维和感性思维的碰撞,需要眼、手、脑的协调配合,从而进行协同工作。产品设计手绘亦是如此,要做到眼到、手到、脑到。

• 兴趣和坚持是最好的老师

读者要改变对产品设计手绘的惧怕和抗拒心理,逐步培养起对产品设计手绘的兴趣,并将其转化为自己的一项技能。要想学习并掌握一项技能,就要心甘情愿地付出时间和精力。当我们能够全身心投入学习时,坚持便不再是一件难事。俗话说"功夫不负有心人",只要掌握正确的方法,经过专业系统的训练,加上持之以恒的练习,就一定能获得很大的进步。

家具设计草图

水壶设计草图

• 重视美术基础的作用

如果没有系统地学习过美术知识,就需在平时多练习素描和速写,多学习配色等知识,多欣赏好的艺术作品,找到艺术的共通性,不断提高自身的艺术素养。

美术基础三大项与产品设计手绘的关系

- **设计思维与表现技法并重**

设计思维是我们进行手绘的核心和基础。进行产品设计手绘的前提是研究，也就是在画一个产品之前，要先弄清楚自己要画的是什么、为什么要如此设计、产品应用的技术原理是什么、产品的功能是什么。这些都属于设计本源的问题。在不知道所画为何物的情况下乱画一通，即使最后的效果很炫酷，也没有太大意义（单纯训练笔法、技法的情况除外）。设计思维和表现技法都很重要，思维是核心，技法是手段。

- **循序渐进，熟能生巧**

在学习产品设计手绘时，可以按照"研究—临摹—写生—默画—创作"的路径，先易后难，逐步深入。在临摹阶段，需要找到符合自己绘画水平的作品，分析设计师的思维逻辑和设计目的，提炼其表现技法。然后通过写生深入了解不同产品的形态、结构、功能和技术原理等，再通过默画加深记忆。在创作阶段，将积累的素材加以提炼和转化，形成自己的新方案，不断提高化素材为己用的能力，创作是我们学习产品设计手绘的终极目的。

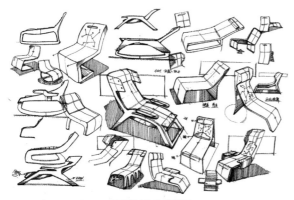

家具设计研究性草图

汽车造型积累

1.4 绘图工具介绍

选择合适的绘图工具对产品设计手绘的训练有一定的帮助。

1.4.1 线稿绘制工具

在绘制线稿时，常用的工具有彩色铅笔和针管笔等。选择绘制线稿的工具时，以绘制的线条流畅，绘制时不断墨，不对纸面造成损坏的工具为佳。

- **彩色铅笔**

彩色铅笔分为水溶性彩色铅笔与油性彩色铅笔两种。水溶性彩色铅笔可以溶于水，类似于水彩颜料。油性彩色铅笔则不能溶于水，类似于蜡笔，更适用于绘制线稿。在品牌的选择上，笔者常用的是辉柏嘉（FABER-CASTELL），得韵（DERWENT）、施德楼（STAEDTLER）和马可（MARCO）等也不错。在颜色的选择上，笔者常用黑色，其他颜色的铅笔可在调整画面效果时使用。彩色铅笔的优点在于笔触粗细多变，轻重可自由控制，同时可用橡皮擦除，方便修改；缺点在于需要不断削笔以保持笔尖尖锐，从而进行细节刻画，否则容易弄脏画面。在具体绘图时，建议读者注重对基本功的训练，少用橡皮，避免反复修改。

辉柏嘉彩色铅笔

黑色彩色铅笔结合马克笔表现效果

• 针管笔

针管笔是一种专业的绘图笔，常用来绘制线条。针管笔的品牌众多，如三菱（uni）、樱花（SAKURA）、美辉（MARVY）和施德楼等。尽量选择笔尖偏硬、耐磨损的针管笔。针管笔的优点在于绘制的线条清晰流畅，颜色较深，便于细致刻画；缺点在于落笔后不能修改。

针管笔

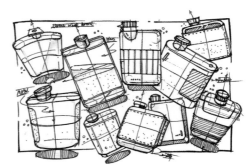

针管笔线稿表现效果

• 其他种类的笔

在日常进行产品设计手绘训练时，可以尝试将多种工具结合使用，如圆珠笔、中性笔、纤维笔和钢笔等。这样不仅能避免绘画过程枯燥，还能让画面效果更丰富。圆珠笔画出的线条流畅，轻重可自由控制，表现细腻，但容易漏墨，影响画面效果。中性笔无法画出流畅的线条，可以在试用后再决定是否购买。纤维笔类似于针管笔，有很多颜色可选，可作为上色的主要工具。钢笔画出的线条流畅，但在控制力和熟练度方面对创作者要求较高，不建议初学者使用。

其他种类的笔

圆珠笔表现效果

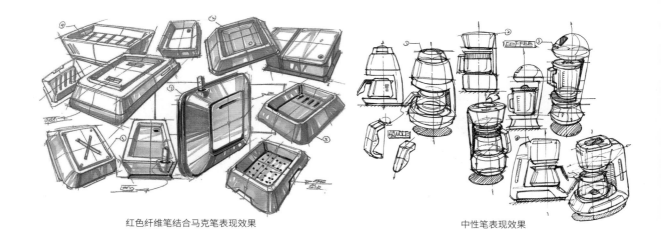

红色纤维笔结合马克笔表现效果

中性笔表现效果

1.4.2 上色工具

在进行产品设计手绘时，常用的上色工具是马克笔。马克笔使用起来方便快捷，还可以结合彩色铅笔等丰富画面效果。

- **马克笔**

马克笔一般分为三类，即酒精性马克笔、水性马克笔和油性马克笔。其笔头分为单头和双头，在具体绘制时一般选用一边为尖头，另一边为方头的双头马克笔。油性马克笔的刺激性气味较大，推荐使用酒精性马克笔，它具有速干、防水和可叠加等特点，在使用完毕后需及时盖好笔帽，以延长其使用寿命。在品牌的选择上，推荐使用法卡勒（FINECOLOUR）。在色号的选择上，推荐使用法卡勒30色或60色；如果条件允许，还可使用Copic的灰色系，其表现效果更佳。

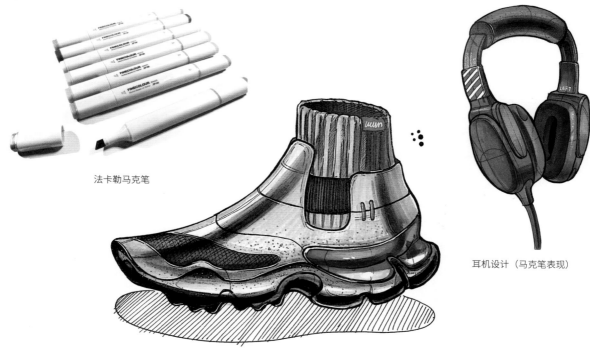

法卡勒马克笔

耳机设计（马克笔表现）

鞋履设计（马克笔表现）

- **彩色铅笔**

彩色铅笔既可以作为线稿绘制工具，又可以作为上色工具。注意在上色时选择水溶性彩色铅笔，其颜色的过渡更自然，细节和材质的表现效果更好。笔者推荐使用辉柏嘉36色或72色。

辉柏嘉彩色铅笔

沙发设计（彩色铅笔结合马克笔表现）

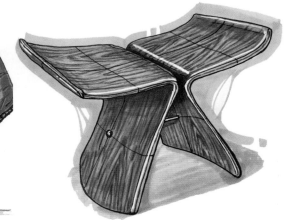

蝴蝶凳设计（彩色铅笔结合马克笔表现）

- **高光笔**

高光笔类似于涂改液，其覆盖力强，常用于提亮局部，表现产品的光影和质感，丰富画面效果。在品牌选择上，推荐使用樱花和三菱。注意使用前需先摇匀，稍微用力按压笔尖即可顺畅出水。另外，白色彩色铅笔也可作为高光笔使用，推荐使用辉柏嘉白色彩色铅笔。

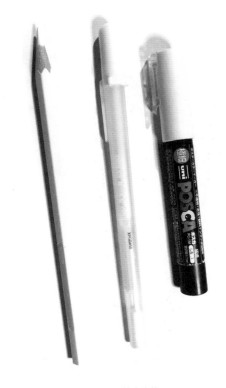

不同的高光笔

高光笔提亮局部的表现效果

1.4.3 纸张

应选择纸面较为光滑的纸张，否则会对笔尖造成损坏。同时还要注意纸张的厚度，如果太薄会被墨水浸透，不易叠加多层颜色；如果太厚则比较费墨水，画面效果也不好。这里建议选择80~100g的纸张。

- 打印纸

在进行产品设计手绘训练时，最常用的莫过于打印纸，因为其价格便宜，便于携带，还可自由选择大小。注意避免选择表面过于光滑或粗糙的打印纸，还要注意纸张应不易渗水，否则易破损和起皱。

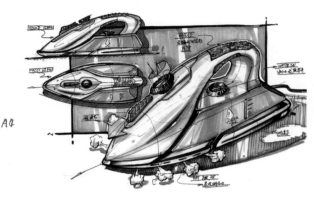

打印纸   打印纸绘制效果

- 马克笔专用纸

马克笔专用纸不易渗水、破损和起皱，且显色效果好，但价格较贵，初学者可根据自身情况进行选择。

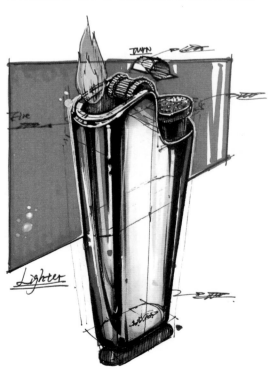

马克笔专用本   马克笔专用纸绘制效果

- **牛皮纸**

牛皮纸作为一种自带底色的特种纸，适用于表现透明的物体。由于其自带底色，绘制时需要提亮和加重画面的颜色。

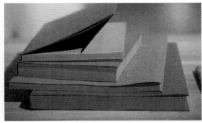

牛皮纸本

牛皮纸上的透明沙发设计效果

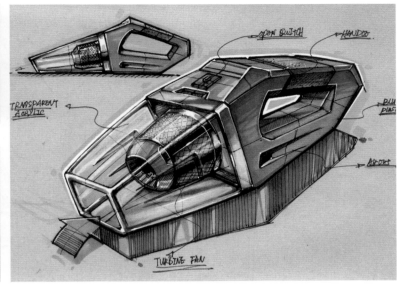

牛皮纸上的吸尘器设计效果

1.4.4　其他工具

在绘制要求严谨的效果图时，可以借助尺规等工具。常用的工具有直尺、圆尺、椭圆尺、曲线尺和蛇形曲线尺等。但绘图达到一定数量时，就不建议再借助尺规等工具了，而应加强基本功的训练，养成徒手绘图的习惯。

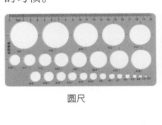

圆尺

椭圆尺

曲线尺

蛇形曲线尺

1.5 正确的绘图姿势

关于正确的绘图姿势，下面从身体姿势和握笔姿势两个方面来讲解，希望读者能予以重视。

在绘图时，要保持腰背挺直，头不要太低，前臂呈水平状，手腕和手指放松。可以选择能够调整倾斜度的桌子，也可以准备一张画板，将画板的前端垫高，使其与桌面成30°角。这样视线与纸面可以保持垂直，既能保证拥有宽阔的视野，也能有效保护眼睛和颈椎，同时还能辅助找准透视，避免将物体画变形。在绘图前，可做一些热身运动，活动一下关节。

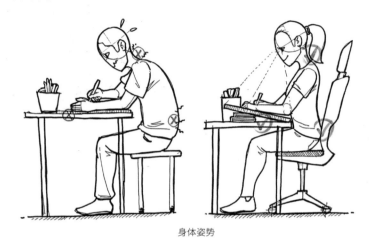

身体姿势

在运笔时，要注意食指和拇指所在的位置，不要太靠下，也不要太靠上。抓握力度要适中，不宜太紧，否则画出的线条会很生硬；也不宜太松，否则画出的线条不平稳。在使用针管笔时，要注意画一会转动一下笔，以免长时间使用笔尖同一侧而造成磨损严重。

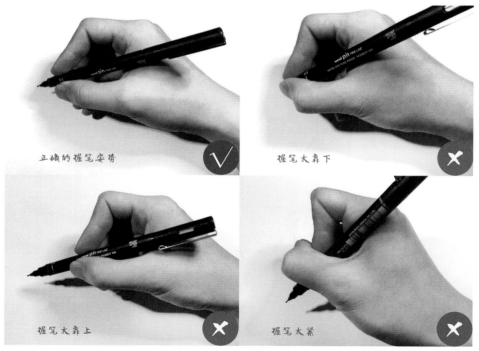

握笔姿势

1.6 绘图的基本流程

　　手绘是一种思考形式，同时也是一种表现形式，它基本贯穿于设计阶段的始终。设计师需进行多轮绘制，不断进行方案的评估和筛选，最终确定能够满足设计需求的方案。接下来以一款监测设备的设计为例，按照时间顺序将绘图的基本流程分为6个阶段进行讲解。

• 阶段1：前期准备

　　在前期准备阶段，需先进行调研，然后将工具准备好，接着确保环境安静舒适、光源充足，最后调整身体姿势和心理状态，尽快进入绘图状态。这里要强调一下，在做准备工作时，需先进行详细的研究，再根据要求展开设计，这样才能为设计手绘工作奠定坚实的基础。

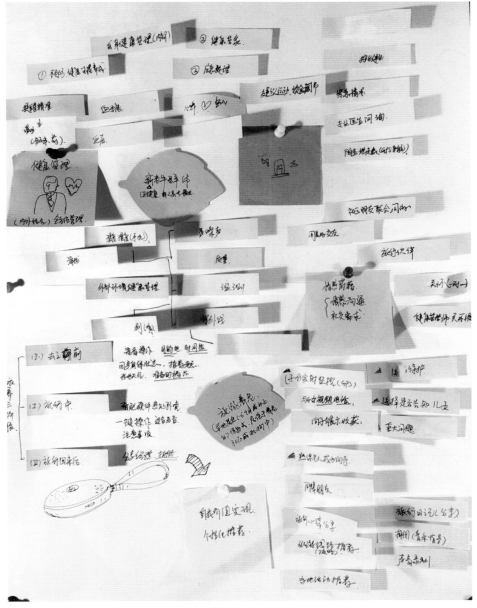

监测设备设计——前期准备

- **阶段2：灵感性草图绘制**

    在灵感性草图绘制阶段，需通过手绘表达设计要素，并利用发散性思维进行绘制。在此阶段，需将大脑中模糊的想法快速呈现到纸面上，记录转瞬即逝的灵感。可以将灵感收集整理后，再绘制到纸上；也可以将现成的素材打印出来，构建自己的灵感库。灵感素材越多越好，这样才能更好地为下一步工作做准备。

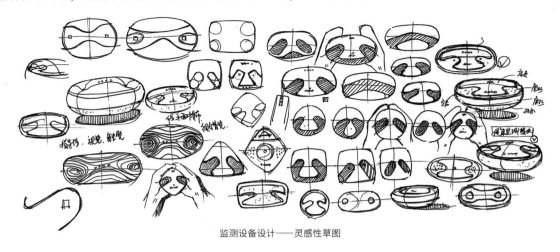

监测设备设计——灵感性草图

- **阶段3：平面草图绘制**

    有了初步的设计方向，就可以进入平面草图绘制阶段。从平面图入手，不仅可以减少透视的干扰，还能将自身注意力集中在平面视角下产品的特征上，从而对其形态比例和结构进行仔细推敲。注意，此阶段的草图一般多为产品的侧视图。

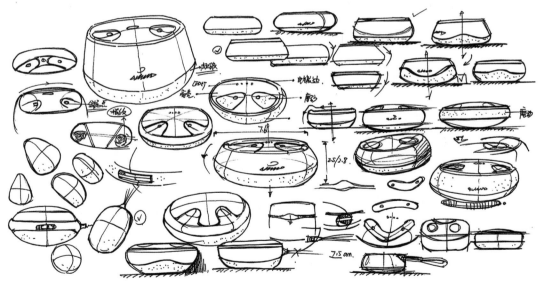

监测设备设计——平面草图

- **阶段4：立体草图绘制**

    在立体草图绘制阶段，需在大脑中建立较为清晰的产品三维模型，可对一个产品进行多角度、多视角的全方位表现，最大化地交代产品设计信息。在此阶段，要求设计的产品透视准确，形态比例正确，结构清晰，表达严谨，说明性强。

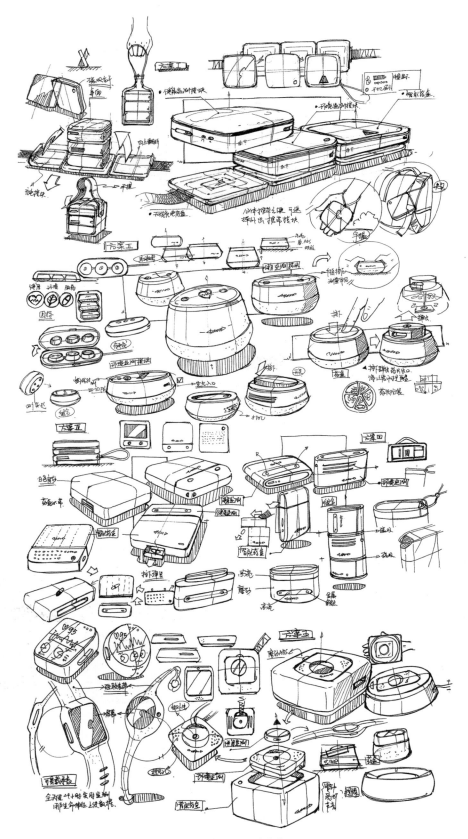

监测设备设计——立体草图

- ### 阶段5：上色渲染

在上色渲染阶段，需使用马克笔对选定的方案进行快速上色。此阶段要突出展示选定的方案，表现出产品的光影和材质。

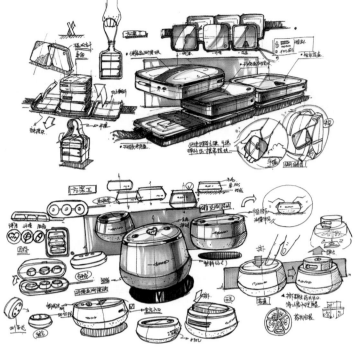

监测设备设计——上色渲染

- ### 阶段6：最终效果图

在最终效果图阶段，需对最终选定的方案进行精细刻画。刻画选定方案的产品形态结构、光影、质感等，以充分展示产品的最终效果和交代产品设计的详细信息。

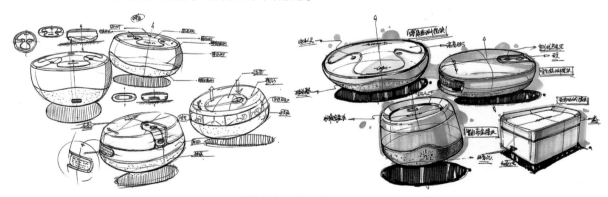

监测设备设计——最终效果图

考虑到前期设计方案的探索性和不确定性，在以上各阶段都需进行多轮绘制，不断进行方案的评估、筛选和优化。在画面上应体现思维逻辑和推导过程，可以添加必要的指示箭头和说明性文字，并辅以细节放大图、人机关系图、使用场景图和三视图和结构爆炸图等进行说明。我们可以将产品手绘理解成图文并茂的产品说明书，最终目的是使观者高效地获取产品的设计信息，读懂设计师的创意构想。本书后面会通过实际案例为读者展示产品设计手绘的具体流程。

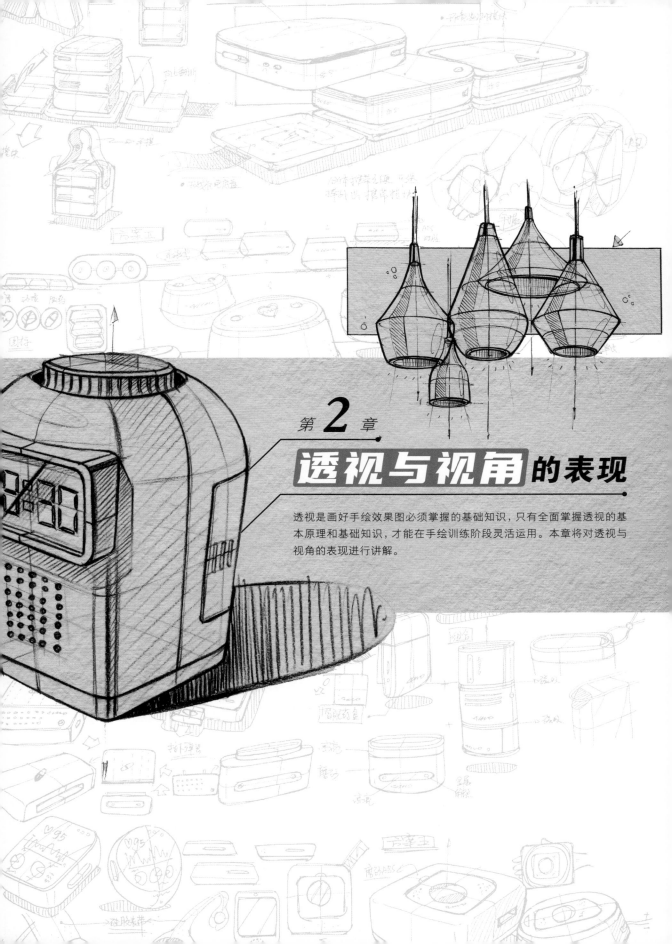

第 2 章

透视与视角 的表现

透视是画好手绘效果图必须掌握的基础知识,只有全面掌握透视的基本原理和基础知识,才能在手绘训练阶段灵活运用。本章将对透视与视角的表现进行讲解。

2.1 透视的形成原理

透视是一种视觉现象，人眼在观察物体时所能看到的形态都存在透视规律。透视是自然界中的一种普遍现象，其产生的先决条件是有足够的光。人在观察物体时会产生立体感，将这种立体感反映在纸面上就是立体透视图。掌握了透视的基本原理，我们就可以在纸面上表现三维的物体，即绘制出具有立体感、纵深感和空间感的画面。

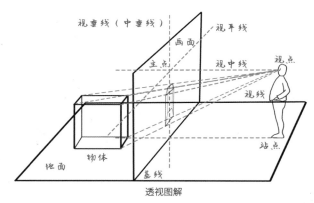

透视图解

透视的基本规律有近大远小、近高远低、近宽远窄和近实远虚。

近大远小是指同样大小的两个物体，离眼睛近的物体看起来相对大一些，离眼睛远的物体看起来相对小一些。这种现象在画面中表现为大的物体空间位置靠前，小的物体空间位置靠后。

近高远低是指同样大小的两个物体，近处的物体比远处的物体看起来更加高大。例如，观察马路两边的路灯时，近处的路灯会显得比远处的路灯高，实际上它们都是一样的高度。这就是透视变化所产生的近高远低的现象。

近宽远窄是指站在两条平行线之间，近处显得宽，远处显得窄。

近实远虚是指同样大小的物体，离眼睛近的物体更清晰一些，细节较多；离眼睛远的物体模糊一些，细节较少。其原因在于人的视力是有限的。例如，观察马路两边的行道树时，如果其距离我们近，则我们能看清树干上的纹路、叶子的形状；如果其距离我们远，则我们只能看到树木的大致轮廓。

铁路的透视规律

圆的透视规律在产品设计手绘中较为常用，读者需要重点掌握。当一个圆不发生透视变化时，它保持圆形不变；当一个圆发生透视变化时，它会变为椭圆。其规律是距离我们越近的圆越扁；距离我们越远的圆越鼓，即越接近于圆。我们可以将其理解为"近扁远鼓"。在现实生活中，我们可以观察水杯和水桶等物体，来加深对圆的透视规律的理解。

　　观察下图中的水杯，当我们从上方观察时，杯口不发生透视变化，为圆形；当改变视角，将杯子竖直放置和侧躺放置时，都会发生近大远小、近扁远鼓、近实远虚的透视变化，此时杯口为椭圆形。

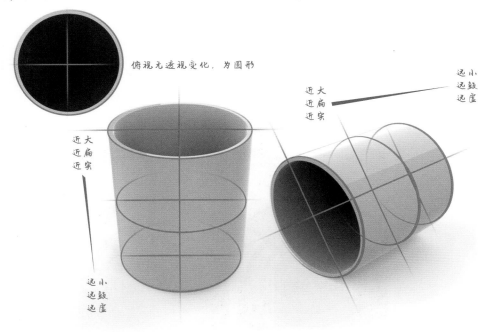

圆的透视规律讲解

　　总结以上透视规律可知，当圆与视平线平行时，离视平线越近就越扁，离视平线越远就越鼓；圆与视垂线平行时，离视垂线越近就越扁，离视垂线越远就越鼓。当圆与视平线或视垂线重合时，会变成一条直线。

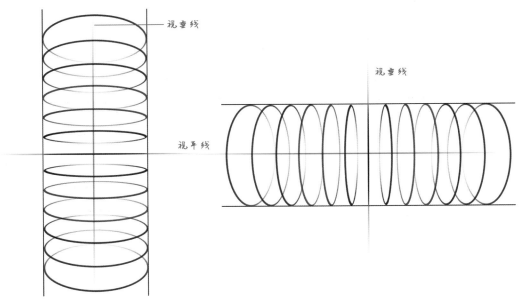

圆在透视中的变化规律

2.2 透视的类别

在产品设计手绘中，常用的透视有一点透视、两点透视和三点透视。不同的透视，适用的产品设计手绘图不同。

2.2.1 一点透视

一点透视又称平行透视，观者面对物体的竖直面，场景中只有一个灭点，即视线汇聚并消失的点。在现实生活中，有很多一点透视的场景。在下面的场景图中，所有竖直和水平的线条都保持不变，我们的视线随着向前方延伸的线聚焦于远处的一点（灭点）上。在场景分析图中，黄色线条代表保持水平和竖直不变的线条，红色线条代表向远处延伸汇聚的透视线，透视线由于近大远小而发生了变化，绿色线条代表视平线，红点代表灭点。

一点透视场景　　　　　　　　　一点透视场景分析

我们都知道，立方体由6个面和12条边组成，12条边可按长、宽、高分为3组。我们可以将物体概括为立方体，进而了解一点透视的变化规律。一点透视中，将立方体水平放置，其正面与纸面平行，立方体3个方向的边透视变化特点为与纸面平行的边保持不变，与纸面垂直的边汇聚到一点。立方体的两组边与画面平行，另一组边与画面垂直，这也是一点透视又称为平行透视的原因。

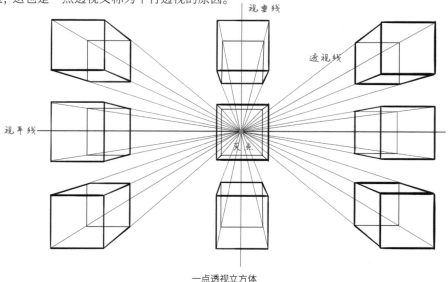

一点透视立方体

在产品设计手绘中，一点透视常用来表现产品与观者有一定距离，并且产品的某个面正对观者时的情况，一般以正等测图的形式出现。当产品的一个面正对观者时，纸面内部纵向的透视线都会向后方的灭点汇聚。此时，产品上横竖两个方向的透视线都保持水平和垂直不变，只有向后汇聚的透视线角度会发生改变。

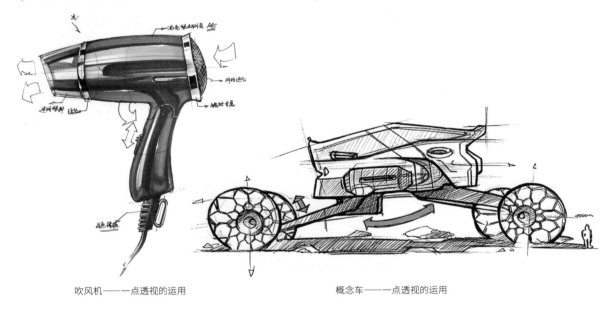

吹风机——一点透视的运用　　　　　　　　　　　　　概念车——一点透视的运用

2.2.2　两点透视

两点透视又称成角透视，观者面对物体的转角处，有两个灭点。在下面的场景图中，汽车垂直于地面的线保持不变，从汽车车灯的转角处开始，两侧的线条向后方汇聚，我们的视线也向左右两个方向延伸，聚焦于远处的两个灭点上。在场景分析图中，红色线条代表向左右两个方向汇聚的透视线，黄色线条代表垂直于地面不变的透视线，绿色线条代表视平线，灭点则在远处，超出了画面范围。

两点透视场景

两点透视场景分析

用立方体来表示两点透视的规律，立方体的边透视变化特点为竖直方向的边保持不变，垂直于地面，另外两组边向左右两个方向汇聚于灭点，视平线穿过两个灭点。

在产品设计手绘中，两点透视具有客观、真实的特点，常用来绘制汽车和电子产品等。两点透视是工业产品设计手绘中最常用的表现形式，运用两点透视绘制的画面立体感、空间感更强，容易被观者理解和观察产品的外观与结构。

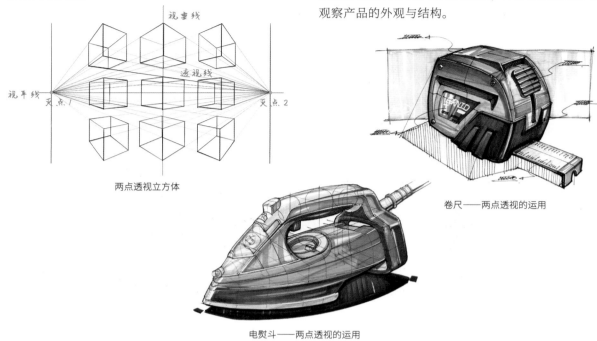

两点透视立方体

卷尺——两点透视的运用

电熨斗——两点透视的运用

2.2.3 三点透视

三点透视又称倾斜透视，是3种透视中视觉冲击力最强的一种，观者面对物体，场景中有3个灭点，透视线朝3个方向汇聚。在一点透视和两点透视中，垂直的线条依然是垂直的，如果采用仰视和俯视的视角来观察高大的建筑物，原本垂直的线就会因透视而发生近大远小的变化，从而相交于第三个灭点。在下面的场景图中，观者仰视高大的建筑物时，建筑物上的3组不同方向的线条都朝向各自的灭点汇聚。在场景分析图中，红色线条代表向3个方向汇聚的透视线，我们的视线聚焦于画面之外的灭点上，绿色线条代表视平线。

三点透视场景

三点透视场景分析

用立方体来表示三点透视的规律，透视线的特点为3组透视线向3个方向汇聚，相交于灭点，并且3个灭点的连线构成一个三角形。若视平线位于物体上方，穿过上面两个灭点，则为俯视视角；若视平线位于物体下方，穿过下面两个灭点，则为仰视视角。

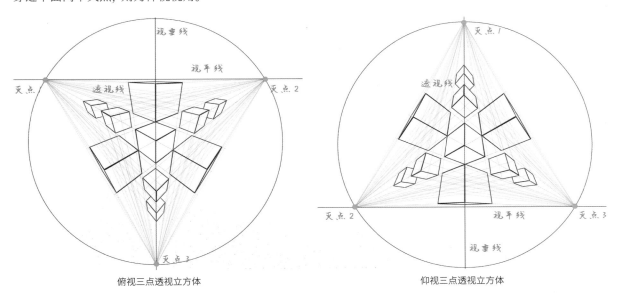

俯视三点透视立方体　　　　　　　　　　　　　　　仰视三点透视立方体

提示 通过观察俯视和仰视的三点透视立方体可以发现，离视平线越远，立方体显得越尖锐，形变越明显。在具体应用时，应注意避免采用离视平线较远的立方体对应的这类角度，否则会令人产生形体上的误解。

三点透视常用于表现体量大、立体感强、纵深感强的产品，以及采用微距观察的产品，能有效增强产品的空间感和立体感。三点透视应用于产品设计手绘中时，表现出来的产品立体感、空间感和视觉冲击力较其他两种透视更强。

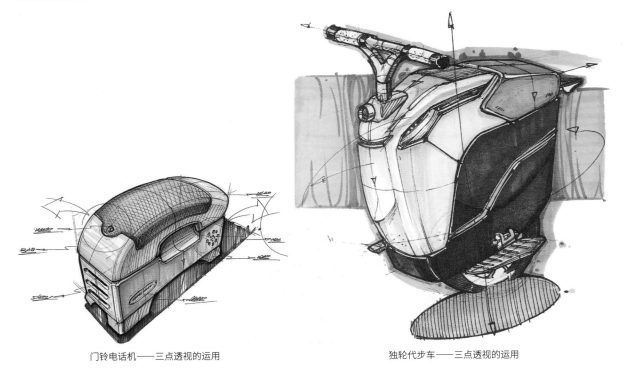

门铃电话机——三点透视的运用　　　　　　　　　　独轮代步车——三点透视的运用

2.3 视角的形成原理

透视与视角联系紧密，不能分割开。接下来将详细介绍视角的形成原理。

视角是指由物体两端射出的两条光线在眼球内交叉而成的角。眼睛在人体上的位置是固定的，所以视线高度也是固定的，这样人的视界就是有限的。但人能通过抬头、低头、转头等动作或通过改变观察姿势、改变物体的位置等方式来观察事物。

一览众山小

在透视系统中，根据视线的方向不同，可将视角分为仰视、平视和俯视。仰视即抬头看，物体位于视平线上方，可以看到物体的底部。平视即水平向前看，物体位于视平线上，只能看到物体的侧面。俯视即低头看，物体在视平线下方，可以看到物体的顶部。

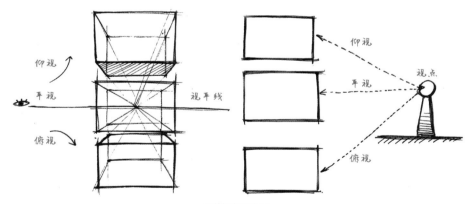

3种视角示意图

生活中的仰视、平视、俯视场景

2.4 视角的类别

人们常说采用的视角不同，对事物的看法也就不同。视角就是人们观察产品的角度。对于产品设计手绘来说，选择合适的视角，能够充分展示要表现的内容，并且更容易让人理解。

2.4.1 平面视角

在产品设计手绘中，平面视角是指单独观察物体的一个面，它不受透视的影响。在平面视角下，物体的比例、尺寸和形态等均不会发生改变，因此常用三视图或六视图进行标注。三视图包括正视图、侧视图和俯视图，六视图包括前视图、后视图、左视图、右视图、顶视图和底视图。当产品呈现出对称形态，即前后、左右、上下相对的两个面一样，设计信息一致时，使用三视图进行标注即可。当产品6个面的形态都不同，需要进行详细标注和说明展示时，则应使用六视图进行标注。

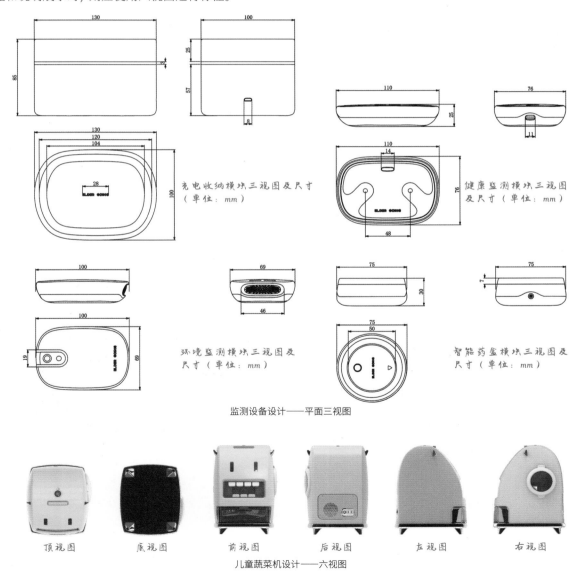

监测设备设计——平面三视图

儿童蔬菜机设计——六视图

平面视角也常用于产品设计造型的推敲。在产品设计手绘方案构思阶段，一般会产生多种方案以供筛选和优化。

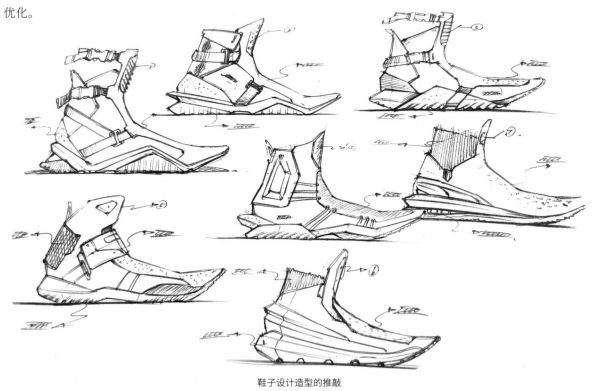

鞋子设计造型的推敲

2.4.2 透视视角

透视视角下的物体通常会发生变形，更符合人眼观察到的实际效果。采用此视角可以展现物体的多个面，展示更多设计信息，而且绘制的物体更有立体感，更真实。平面视角下的侧视图与透视视角下的立体效果图搭配使用，不仅能够丰富画面，还能展示产品设计造型推敲的正确流程，展现设计师的思维逻辑。

鞋子效果图牛皮纸表现（平面＋立体）

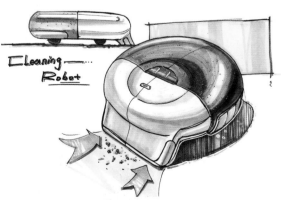

扫地机器人效果图表现（平面＋立体）

在一点透视、两点透视、三点透视系统中选择合适的视角，更准确地表达产品造型及功能，并丰富画面效果。在不同的透视系统中，都存在着仰视、平视和俯视这3种视角。下面以立方体为例进行讲解。

在一点透视中，向上看为仰视，可以看到立方体的正面和底面，分别向左右两个方向看，还可以看到左右两个侧面；向前看为平视，视线垂直于纸面，只能看到中心立方体的一个面，分别向左右两个方向看，还可以看到左右两个侧面，采用平视视角最多只能看到立方体的两个面；向下看为俯视，可以看到立方体的正面和顶面，分别向左右两个方向看，还可以看到左右两个侧面。

在两点透视中，除了采用平视视角能看到立方体的两个侧面以外，采用其他视角均能看到立方体的3个面。向上看为仰视，可以看到立方体的两个侧面和底面；向前看为平视，视线垂直于纸面，只能看到立方体的两个侧面；向下看为俯视，可以看到立方体的两个侧面和顶面。

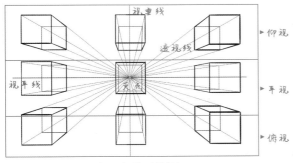

一点透视中的视角

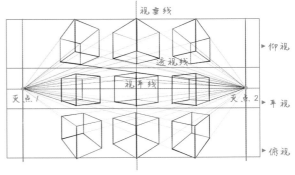

两点透视中的视角

在三点透视中，仰视和俯视视角均能看到立方体的3个面。向上看为仰视，可以看到立方体的两个侧面和底面；向前看为平视，视线垂直于纸面，视线落于水平方向的视平线上，会自动转化为两点透视，能看到立方体的两个侧面；向下看为俯视，可以看到立方体的两个侧面和顶面。

三点透视中的视角

2.4.3 多角度展示

在展示立体的产品时，会通过切换角度来转变观察视角。通常用45°图（3/4侧立体图）来展示，这样通常可以看到物体的3个面，也容易体现出物体的立体感和空间感。根据展示目的的不同，可以选择前45°（前3/4侧）和后45°（后3/4侧）两个角度进行绘制。灵活运用透视和视角，将需要展示的设计信息的相应面画出来，以满足不同的绘图需求。

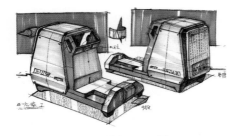

数片机前后45°展示图

背包前后45°展示图

2.5 透视与视角的训练方法

　　学习透视与视角的训练方法,可从最简单、最基础的立方体入手。立方体是由6个相同的正方形平面组成的,也可以看作是由3组不同方向的边构成的。但在不同的透视系统中,立方体所呈现的视觉效果会有差异,3组边也会发生相应的变化。

2.5.1 一点透视下的立方体阵列

　　在一点透视中,立方体阵列呈现的效果如下图所示。该图呈现了3种视角,即仰视、平视和俯视。在一点透视中,边线的变化规律为横向线条全部保持水平,纵向线条全部保持垂直,即"横平竖直",只有向后汇聚的线条发生变化,聚焦于中心灭点(V)上。

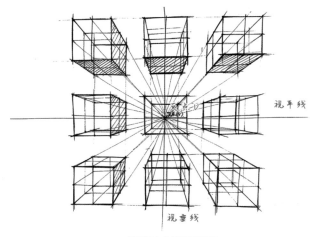

一点透视立方体阵列效果

01 绘制辅助线。 确定视平线和视垂线两条线,保证视平线平行于纸面的横边,视垂线平行于纸面的竖边,两条线相交得到灭点(V)。此时,设定视平线方向的一条线为x轴、视垂线方向的一条线为y轴。

02 绘制正方形。 先绘制出位于中心的正方形,然后绘制出其他方向的正方形,让正方形的边保持对齐,组成正方形阵列。

03 绘制透视线。 从每个正方形的顶点开始绘制向灭点汇聚的透视线。绘制时注意下笔轻一些,以单线为主。

绘制辅助线

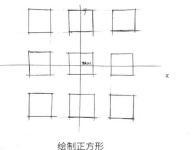

绘制正方形

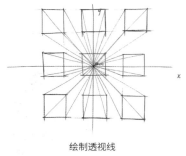

绘制透视线

提示 在绘制线条时,笔触要保持两头轻、中间重,并使线条略超出顶点。

04 补充完整立方体。 继续使用单线绘制出其他边线。先确定出中间这个立方体被挡住的平面，然后根据对齐原则画水平线，找到与透视线相交的点，接着绘制出其他平行于x轴和y轴的边线，组成后方的正方形平面，最后使用单线绘制各个立方体朝向后方的边线，即可得到完整的立方体。

05 明确线条之间的关系及绘制光影效果。 先通过复描明确线条之间的关系，然后使用排线的方法交代明暗关系，接着对每个面进行剖面线分析表达。调整线条的空间虚实关系以丰富画面，直至完成绘制。

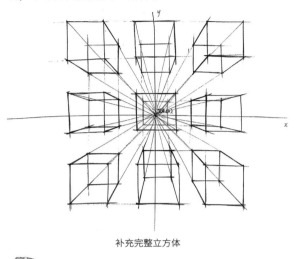

补充完整立方体

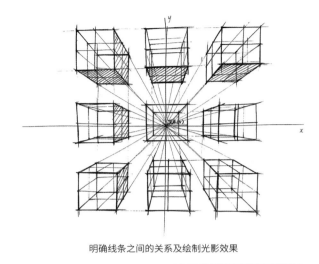

明确线条之间的关系及绘制光影效果

提示 受到透视的影响，我们只能看到位于中心的立方体的一个面，因此，需要绘制出棱线，把被挡住的面补充完整。

2.5.2 两点透视下的立方体阵列

在两点透视中，立方体阵列呈现的效果如下图所示。该图包括了3种视角，即仰视、平视和俯视。在两点透视中，线条的变化规律为所有垂直的线保持垂直，向左右两边汇聚的两组线条发生变化，聚焦于两端的灭点。

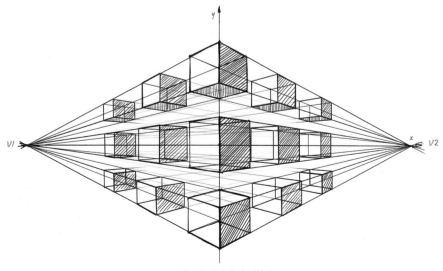

两点透视立方体阵列效果

01 绘制辅助线。 确定好视平线和视垂线两条线，保证视平线平行于纸面的横边、视垂线平行于纸面的竖边。此时，设定视平线为x轴，视垂线为y轴，在x轴的两端确定两个灭点（V1和V2）。

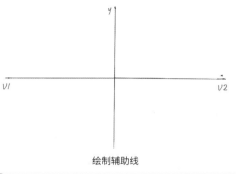

绘制辅助线

02 确定立方体高度。 在y轴上确定出最中间平视视角下立方体的一条边线的长度并设为a，再通过向上和向下定点截取线段的方式确定上下两个立方体（仰视和俯视视角下）最靠前的边线。

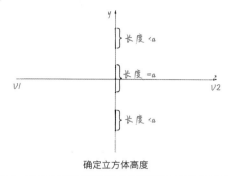

确定立方体高度

提示 步骤02中截取的线段略短于中间立方体的棱线长度a，原因是受到近大远小的透视规律的影响。

03 绘制透视线。 从确定好的3条边线的端点开始，向左右两边延伸，连接灭点。

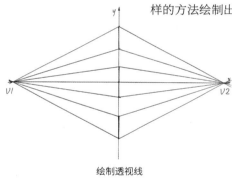

绘制透视线

04 绘制中间的立方体。 绘制中间的立方体时，先在左右两侧的透视线上截取长度约为2/3 a的线段，然后经过截取的点向下作垂线，得到立方体的部分边线，接着连接新得到的端点和对向灭点，连线与视垂线相交，两个交点之间连线便是被遮挡的边线。采用复描的方式绘制出被遮挡的边线，完成立方体的绘制。用同样的方法绘制出上下两个立方体。

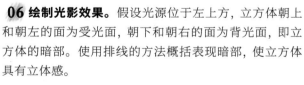

绘制中间的立方体

05 绘制后方的立方体。 根据近大远小的透视规律，越靠后的立方体越小，因此后方立方体的边线长度要比最前方的短一些。

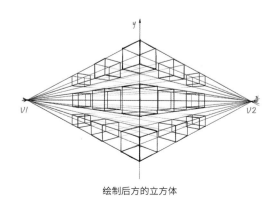

绘制后方的立方体

06 绘制光影效果。 假设光源位于左上方，立方体朝上和朝左的面为受光面，朝下和朝右的面为背光面，即立方体的暗部。使用排线的方法概括表现暗部，使立方体具有立体感。

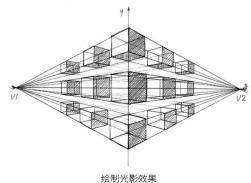

绘制光影效果

2.5.3 三点透视下的立方体阵列

在三点透视中,立方体阵列呈现的效果如下图所示。在三点透视中,线条的变化规律为3组透视线分别向3个方向延伸并汇聚于灭点上,将3个灭点用线连接起来可构成一个正三角形。下图展示了三点透视中俯视视角的效果。

01 绘制辅助线。 先画出一个大的正三角形,连接着V1和V2两个灭点的这条边所在位置是视平线,然后画出与视平线垂直的视垂线,线条穿过底部正三角形的顶点(V3),接着从V1和V2两个灭点向相对的边画垂线。

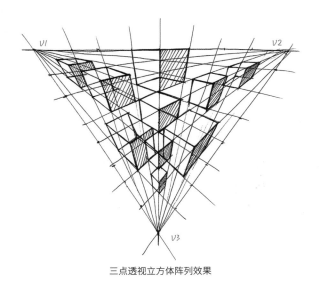

三点透视立方体阵列效果

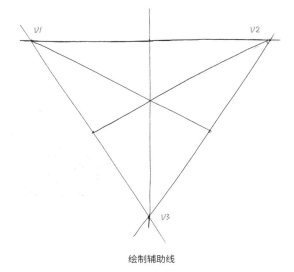

绘制辅助线

02 绘制透视线。 从3个灭点向相对的边画透视线,具体方法是将每条边八等分,再将灭点与这些等分点连接起来。当然也可以再细分,细分的规律就是不断地寻找中点并连线,由此组成较为密集的透视线网络。

03 绘制立方体。 此时,透视线网络呈现出立方体的形态,接着通过复描线条使形体更明确,由此就可以得到很多大小不一的立方体。通过复描强调线条之间的关系,加重空间位置靠前立方体的轮廓线和转折线。

04 绘制光影效果。 假设光源位于左上方,立方体朝下和朝右的面为背光面。在俯视视角中看不到底面,所以对朝右的面进行排线处理,概括表达光影,使立方体具有立体感。

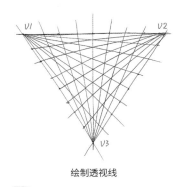

绘制透视线

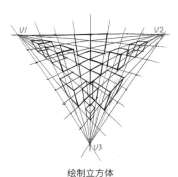

绘制立方体

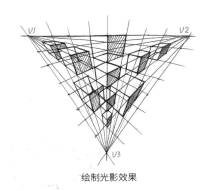

绘制光影效果

提示 3种透视下的立方体阵列图至少要各练习3遍,并且要熟记于心,便于后期灵活运用。

2.6 透视图绘制练习

前面学习了透视的类别，了解了它们之间的区别及各自的应用场景。接下来笔者通过U盘的绘制讲解3种透视的应用效果。U盘的外形比较方正，结构较为简单，有利于我们观察和学习物体在不同透视下的形态。

2.6.1 一点透视练习

一点透视多用于表现物体的一个面正对观者时的情况，物体的正面与纸面平行。下面以水平放置的U盘为例，讲解在一点透视中物体的表现技法。U盘向后的轮廓线和结构线均需符合向灭点汇聚的规律。

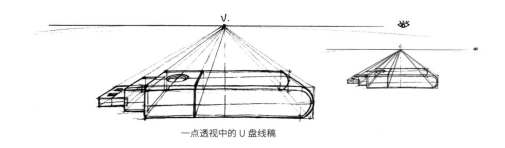

一点透视中的 U 盘线稿

01 起稿。 绘制视平线。绘制U盘的侧面轮廓，注意U盘各部分的比例关系。确定灭点，连接U盘侧面的关键点与灭点，形成向后汇聚的透视线。

02 确定形体。 借助透视线，采用定点连线法确定U盘的基本轮廓，并使用较轻的单线绘制后方被遮挡住的轮廓线和内部结构线，完成初步的形体表达。

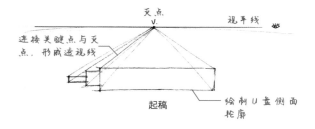

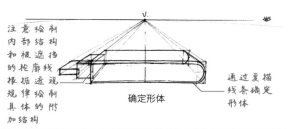

提示 在绘制物体时，不能漏掉被遮挡部分的结构，将物体的内部结构绘制出来有利于清晰表达物体的整体结构。

03 增加细节。 增加插头缺口、状态指示灯、分型线和剖面线等细节，对关键线条进行复描，调整线条之间的关系。

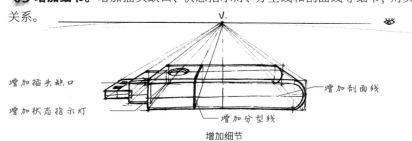

增加细节

提示 在增加细节时也需遵循透视规律，可通过定点确定细节的具体位置，然后向灭点连线。

▷ 2.6.2 两点透视练习

两点透视多用于表现物体的一个转角正对观者时的情况，物体与纸面有一定角度。下面以3/4侧面的U盘为例，讲解在两点透视中物体的表现技法。在两点透视中垂直线条均保持垂直不变，朝左右两个方向的所有透视线均分别汇聚于两个灭点上。

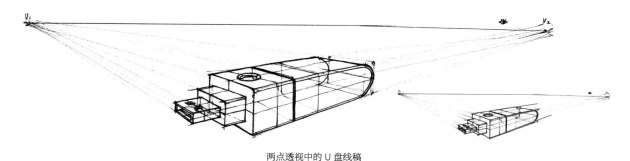

两点透视中的 U 盘线稿

01 起稿。 绘制视平线和两个灭点。先绘制U盘最前面的垂直结构线，然后由关键点向两个灭点连线，接着在透视线上确定U盘的长度和宽度，根据新确定的关键点进行竖直方向的连线，并连接U盘的关键点与灭点，形成向左右汇聚的透视线，整理后得到基本的长方体。

灭点1　　透视线始终　　　　　视平线　　灭点2
　　　　较轻
起稿阶段U盘形体上的线条
　　　　较虚，可用针管笔的侧峰轻扫
起稿

提示 在确定 U 盘长度时，需注意由透视产生的近大远小变化，U 盘长度应较一点透视中的略短一些，使其符合客观观察规律。

02 确定形体。 绘制U盘前端的附加结构线，所有结构线均需符合透视规律。使用较实的单线描绘U盘结构线，并注意由遮挡产生的线条的虚实变化，完成初步的形体表达。

注意此处的结构线遮挡关系，能被看到的线条较实，被遮挡住的结构线较虚

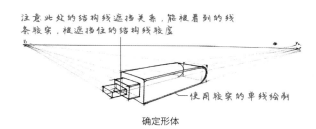

使用较实的单线绘制
确定形体

提示 在绘制形体确定后的线条时，需注意结构线的虚实表达，能被看到的结构线较实，被遮挡住的结构线较虚。

03 增加细节。 增加插头缺口、状态指示灯、分型线和剖面线等细节，对关键线条进行复描，调整线条之间的关系。

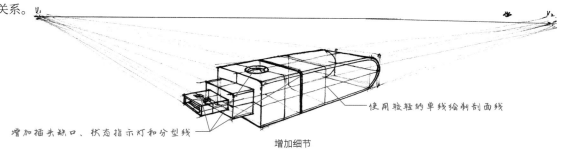

使用较轻的单线绘制剖面线

增加插头缺口、状态指示灯和分型线

增加细节

提示 在确定最终的形体时，可对重要的轮廓线、结构线和分型线进行强调，明确形体及线条之间的关系，使线稿更加完整，增强物体的立体感。

2.6.3 三点透视练习

三点透视多用于表现物体以一定角度对着观者，并具有一定纵深感的情况。下面以竖直放置的U盘为例，讲解在三点透视中物体的表现技法。在三点透视中，3个方向的透视线分别汇聚于3个灭点。

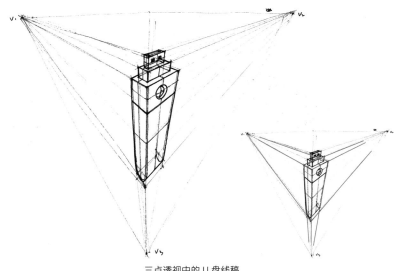

三点透视中的 U 盘线稿

01 起稿。 先绘制视垂线，并在上面绘制U盘正对观者的竖直的边，注意U盘各部分的比例关系，然后确定灭点和视平线，接着连接关键点以绘制向后汇聚的透视线。根据透视线绘制出完整的长方体。

02 确定形体。 在透视线上确定附加部分的宽度，采用连线法确定该部分的轮廓，并使用较轻的单线绘制U盘后被遮挡住的轮廓线和内部结构线，然后复描关键线条，以完成初步的形体表达。

03 增加细节。 增加插头缺口、状态指示灯、分型线和剖面线等细节，对关键线条进行复描，调整线条之间的关系。

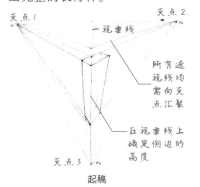

起稿

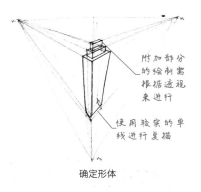

确定形体

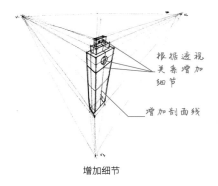

增加细节

提示 本练习为了让读者清楚地知道灭点的位置，将灭点均定于纸张以内。在实际产品设计手绘中，灭点一般位于纸张以外，需要通过想象的方式来确定视平线与灭点的位置。若灭点相距位置过近或整个透视系统过小，则容易产生图稿过小和透视过于夸张的问题。

提示 在绘制附加部分时，需注意由透视产生的近大远小变化，距离眼睛越远的部件，其长度会越短。

提示 三点透视中的物体存在一定的夸张变形情况，具有较强的视觉冲击力。对于体积较小的产品来说，可理解为微距观察物体时呈现的效果。在实际应用中，读者应根据需求选择合适的透视类别。

2.7 不同视角的绘制练习

前面学习了视角的类别，其中仰视、平视和俯视的应用较为广泛，读者需要重点掌握。下面讲解不同视角的具体应用。

下图为同一形态的物体在不同视角下呈现的效果。我们可以看到，仰视视角下，视平线位于物体下方，与地平线重合，物体显得十分高大，此时人与物体的大小悬殊，即人很小，物体很大。平视视角下，视平线位于物体中间，物体与人的大小差不多。俯视视角下，视平线位于物体上方，物体显得很小，小猫的剪影用来与物体进行大小的对比。

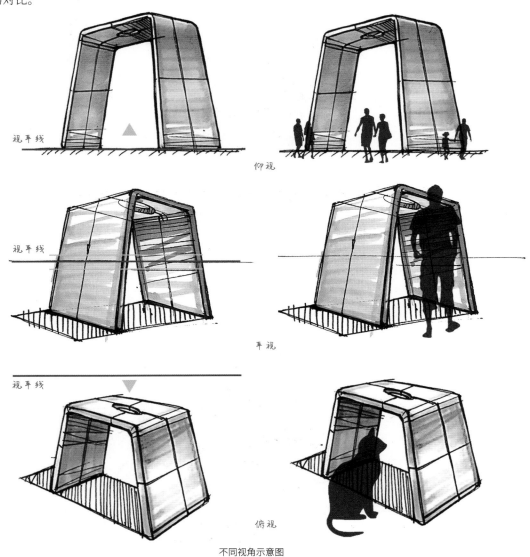

不同视角示意图

视角影响着人们对物体大小的判断，物体的大小通常以人作为标准，人们会结合自身的经验对物体的大小进行判断。因此要想正确表现物体的实际大小，使其符合实际效果，不仅需要选择合适的视角，在有些情况下还需要借助参照物。总之，我们在日常生活中采用什么样的视角观察物体，就采用什么样的视角进行产品设计手绘。

2.7.1 仰视视角练习：吊灯

在产品设计手绘中，我们选择仰视视角进行表现的情况有两种：一种是物体的体积本身就比人大，我们需要抬头观察，如建筑、大型雕塑和大型机械设备等；另一种是物体虽然本身体积不大，但位于人视线的上方，如吊灯、摄像头等，我们也需要仰视以便观察物体底部的设计细节。

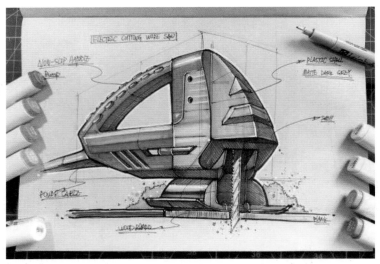

电动线锯仰视视角效果图

接下来笔者以吊灯为例，讲解仰视视角的应用。吊灯悬挂于天花板上，人在观察时往往需要抬头，因此采用仰视视角进行表现更加符合人的观察习惯。下图为一组吊灯的设计草图线稿，每盏吊灯具有不同的形态，视角为一点透视下的仰视，视平线位于物体下方，观者可看到吊灯的底面和正面。

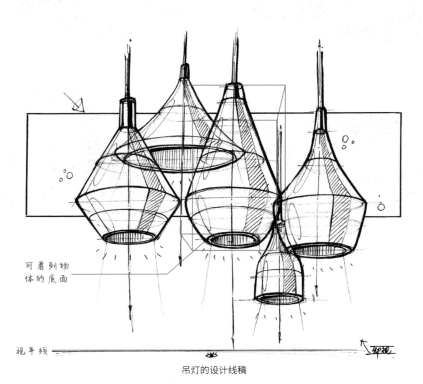

吊灯的设计线稿

01 起稿。 先绘制底部的视平线，然后绘制5条垂线作为吊灯的中垂线，以确定物体在画面中的位置。使用针管笔轻轻绘制吊灯的轮廓线，确定5盏吊灯不同的外形。

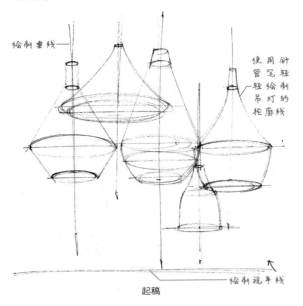

起稿

02 确定形体。 补充结构线，并使用针管笔对已确定的轮廓线和结构线进行复描，明确产品形态。注意虚实关系的表达，前面可被看到的线条较实，需要复描；被遮挡住的结构线较虚，保持起稿时线条的轻重不变。

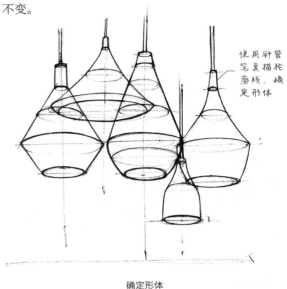

确定形体

03 增加细节。 增加吊灯底部的厚度，假设光源在左上方，绘制高光和明暗交界区域，并添加剖面线等细节，对关键线条进行复描，调整线条之间的关系。

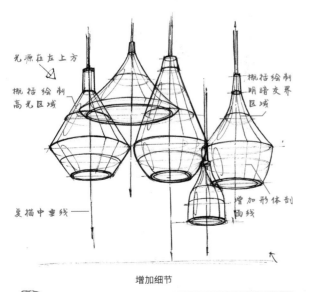

增加细节

提示 对高光区域和暗部进行概括表现有利于初步表现光影，以及指导后期上色。

04 表现光影。 先使用排线的方法填充暗部，概括表现明暗关系，初步体现立体感，然后使用笔尖较粗的勾线笔对外轮廓线和关键结构线进行强调，最后绘制背景并添加装饰性元素。

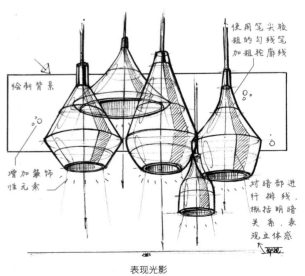

表现光影

提示 一般选择0.8mm针管笔或1mm针管笔，对形体的暗部线条进行加重。亮部线条相对较细和较轻，这样既能突出画面的光感和立体感，又能使线条更有层次。

▶ 2.7.2 平视视角练习：冰箱

　　在产品设计手绘中，我们通常选择平视视角绘制高度与人高度大致相同的物体。此时人的视线落在物体的中间部分，看不到物体的顶面和底面，但能看到正面和侧面。平视视角可以表现一些体积比较大的产品，如立式空调、冰箱和汽车等，也可以表现体积较小的物体，如路由器和咖啡壶等。另外，在进行鞋子设计手绘时，通常使用平视视角来表现。

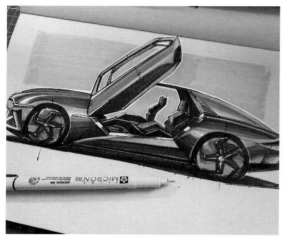

汽车平视视角效果图

挂式路由器平视视角效果图

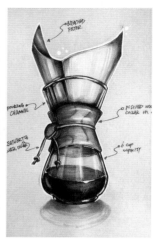

咖啡壶平视视角效果图

　　接下来以一台冰箱为例，讲解平视视角的应用。冰箱的高度与人相近，人在观察它时往往采用平视，因此在进行设计手绘时一般应用平视视角来表现。这样有利于强调冰箱的体积，视觉冲击力较强。右图为一款冰箱的设计线稿，视角为两点透视下的平视，视平线位于物体中部，观者可看到冰箱的正面和侧面。

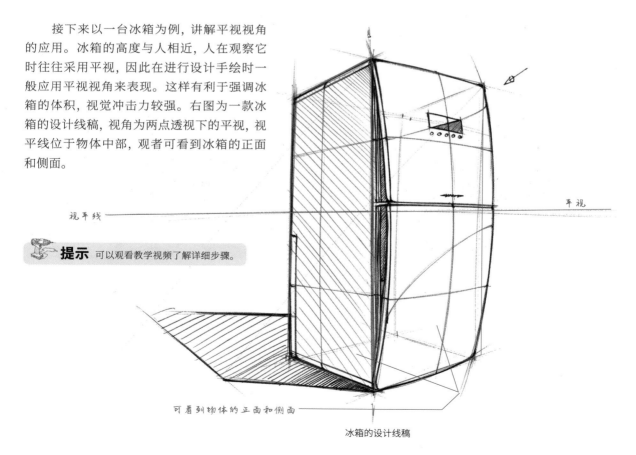

🔧 **提示** 可以观看教学视频了解详细步骤。

冰箱的设计线稿

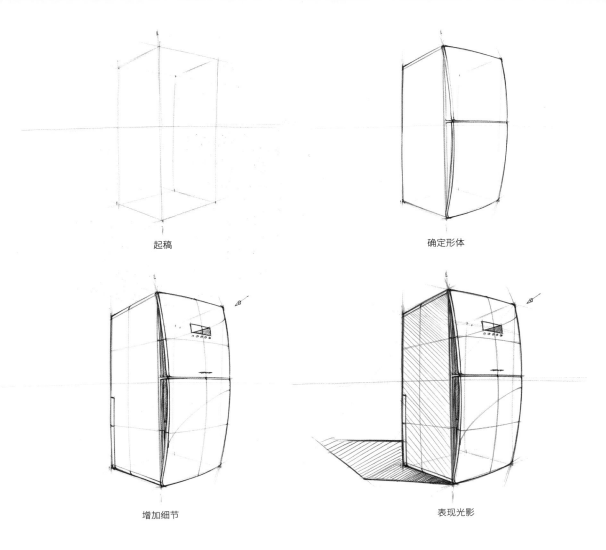

起稿

确定形体

增加细节

表现光影

▶ 2.7.3 俯视视角练习：闹钟

在产品设计手绘中，我们通常选择俯视视角绘制体积较小或位于人的视线下方的产品，如手机、座椅、扫地机器人和垃圾桶等。此时人的视线落在物体的上方，能看到产品的正面、侧面和顶面，看不到底面。此视角下产品的面展示得较多，设计信息也交代得详细而充分，产品效果图极具立体感。

椅子俯视视角效果图

多士炉俯视视角效果图

接下来笔者以一个闹钟为例，讲解俯视视角的应用，以加深读者对俯视视角应用的理解。闹钟一般摆放于床头柜或桌面上，其体积较小，人在观察时往往会采用俯视的视角，因此在进行设计手绘时可以应用俯视视角来表现。右图为一款闹钟的设计线稿，视角为三点透视下的俯视，视平线位于物体上方，观者可看到闹钟的顶面、正面和侧面。

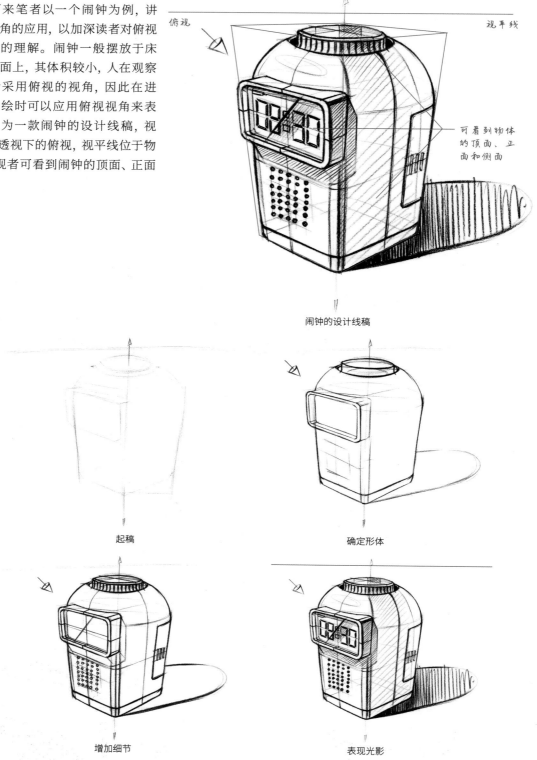

俯视   视平线

可看到物体的顶面、正面和侧面

闹钟的设计线稿

起稿

确定形体

增加细节

表现光影

在进行产品设计手绘时，仰视、平视和俯视 3 种视角往往需根据产品体积与人的体积的关系选择使用。我们要学会灵活运用各种视角，对产品重要的功能面或局部进行展示，以充分交代设计信息。

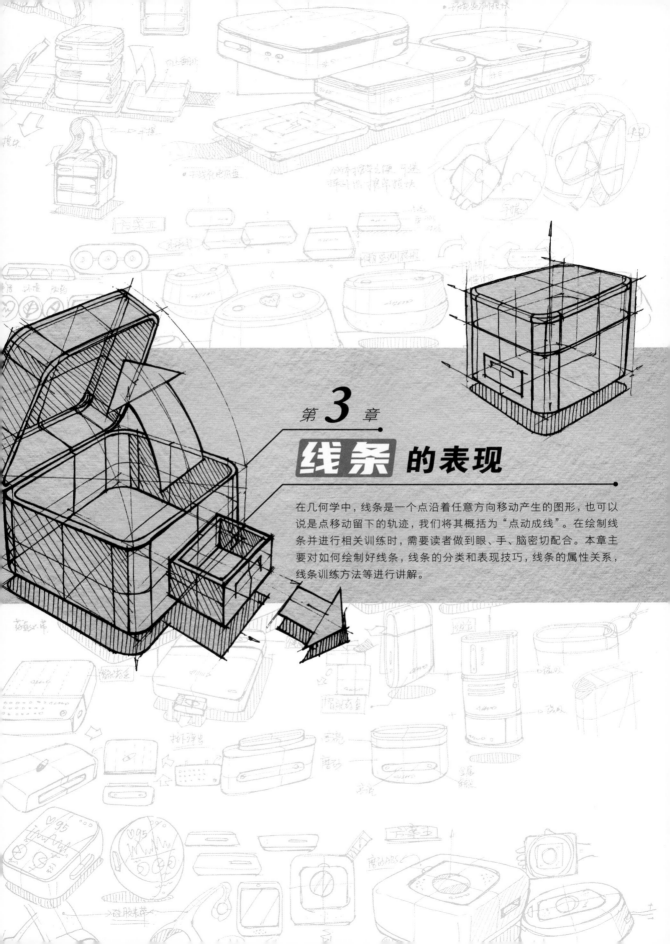

第 **3** 章

线条 的表现

在几何学中,线条是一个点沿着任意方向移动产生的图形,也可以说是点移动留下的轨迹,我们将其概括为"点动成线"。在绘制线条并进行相关训练时,需要读者做到眼、手、脑密切配合。本章主要对如何绘制好线条,线条的分类和表现技巧,线条的属性关系,线条训练方法等进行讲解。

3.1 如何绘制好线条

绘制线条的工具有很多，但笔者更喜欢用针管笔，因为用它绘制的线条清晰流畅，不易断墨、漏墨，便于刻画细节。本章案例均使用针管笔绘制而成。

心态

在绘制线条时，很多人存在怕画错的心理，因此我们要摆正心态。首先，要想从根本上解决这一问题，只能通过大量的练习。其次，即使画错了也没关系，不要紧盯着画错的线条不放，更不要在画错的线条上尝试修改，只要在画错的线条旁绘制一条正确的线条即可。

转动纸张

在进行手绘训练时，还可以适当转动纸张，找到自己觉得最舒服的绘制角度，保证绘制出的线条准确且美观。但要注意在前期训练中，需要通过绘制各个方向的线条来训练基本功，建议尽量不转动纸张或少转动纸张。

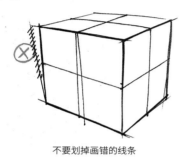

不要划掉画错的线条

转动画图纸张角度

提示 在起稿确定透视关系阶段，尽量不要转动纸张，否则会出现透视关系不准确的情况。

运笔

首先，要注意运笔姿势对绘制的线条长度的影响。由于人的关节活动范围有限，因此在绘制线条时需要灵活调整。绘制短线条时，需要靠手指发力，一般用于刻画细节；绘制中等长度的线条时，需要活动手腕关节；绘制长线条时，需要把小臂抬起，活动肘关节；绘制更长的线条时，需要活动肩关节，使整个手臂悬空，把大臂抡起来。因此，要学会调用不同的关节进行运笔。其次，需要注意运笔速度，速度越快，绘制的线条越平滑；速度越慢，绘制的线条越易出锯齿。最后，在运笔时，可以暂时屏住呼吸，以减少手的抖动，即常说的屏气凝神。

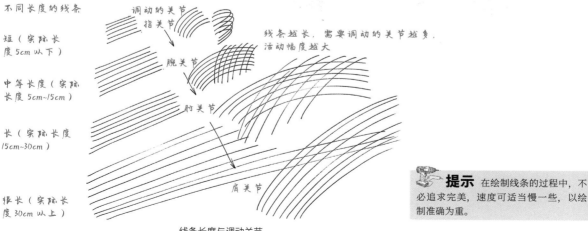

线条长度与调动关节

提示 在绘制线条的过程中，不必追求完美，速度可适当慢一些，以绘制准确为重。

3.2 线条的分类及表现技巧

如果把进行产品设计手绘比作建房子，那么线条就相当于地基，后期房子建得怎么样，要看前期地基打得如何。线条根据固有属性的不同可分为直线、开放曲线和闭合曲线，接下来进行详细讲解。

3.2.1 直线

两点可以确定一条直线。根据穿过两点的不同情况，直线又可以细分为两头轻、中间重的线条，一头重、一头轻的线条，以及两头重、中间均匀的线条。下面以水平方向的直线为例具体讲解这3种线条的绘制技巧。

- ## 两头轻、中间重的线条

两头轻、中间重的线条具有向两端无限延伸的趋势。这类线条多用于起稿阶段绘制辅助线和透视线。

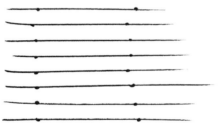

两头轻、中间重的线条

提示 在绘制两头轻、中间重的线条时，先定出两个点，然后轻轻连接，接着用明确的线条画出。找到规律后，可在下方多绘制几条。其发力技巧在于整个手臂要悬空，大臂或小臂发力，根据线条的长度来确定关节的运动。此时自己的手就像钟摆一样来回荡，轻落笔，快抬笔，中间稍用力。

发力技巧

- ## 一头重、一头轻的线条

一头重、一头轻的线条是指一点位于确定的第一个点上，且穿过确定的第二个点形成的线条，具有向一端无限延伸的趋势。这类线条多用于完善画面，表现前实后虚的效果。

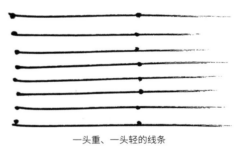

一头重、一头轻的线条

提示 在绘制一头重、一头轻的线条时，先定出两个点，然后从前端的一个点下笔，向后扫出线条，连接位于后面的点，此时速度可以稍快一些。其发力技巧在于以肘关节为支点，小臂向后挥动，根据线条的长度来确定关节的运动。落笔较重，抬笔较轻。

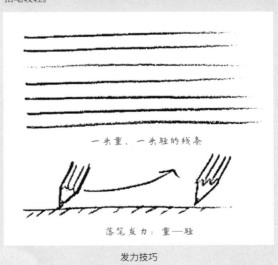

发力技巧

- **两头重、中间均匀的线条**

两头重、中间均匀的线条是指两端均在确定的点上，中间均匀的线条，不具有延伸的趋势。这类线条多用于强调线条之间的关系，以增强画面的层次感和节奏感。

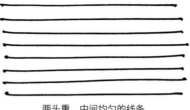

两头重、中间均匀的线条

提示 在绘制两头重、中间均匀的线条时，先定出两个点，然后从前端的一个点下笔，向后匀速运笔，连接位于后面的点，此时速度可以稍慢一些。其发力技巧在于以手或肘关节作为支点，手腕发力进行匀速运动，根据线条的长度来确定关节的运动。抬笔和落笔都较重。

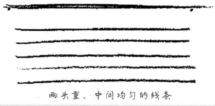

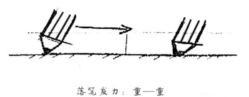

发力技巧

3.2.2 开放曲线

开放曲线根据其穿过点的属性不同，可分为三点曲线（类似抛物线）、四点曲线（S形曲线）和自由曲线3种。这3种线条同样具有多方向性，可以是水平的、垂直的和斜向的，读者在进行训练时需兼顾。

- **三点曲线（类似抛物线）**

三点曲线是指通过3个点确定的曲线，类似抛物线，形似字母C。在绘制时，从起点出发，向上攀升，到达顶点后下落，形成两头低、中间高的曲线。三点曲线存在对称和不对称两种情况，多用于单曲面形体、圆形和椭圆形的绘制。

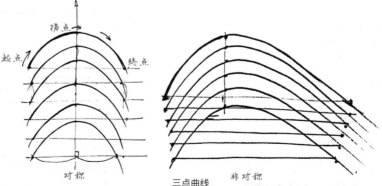

三点曲线

提示 在绘制三点曲线时，先定出水平的两个点，然后连线找到中点，画垂线确定第三个点。从左下方第一个点开始起笔，向上攀升平滑运笔，连接顶点后，向下平滑运笔，穿过右下方的点，形成一条平滑的抛物线。其发力技巧在于手和小臂悬空，大臂发力，实现匀速匀力挥动。

- **四点曲线（S形曲线）**

　　四点曲线是指通过4个点确定的曲线，形似字母S，也可理解为两条三点曲线首尾相接产生的曲线。四点曲线多用于流动曲面形体的绘制。

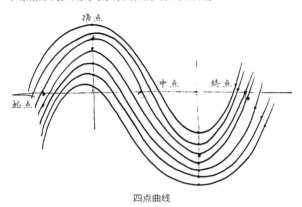

四点曲线

- **自由曲线**

　　自由曲线是指穿过4个以上的点的平滑曲线，形态自由多变。自由曲线多用于流动曲面形体的绘制。

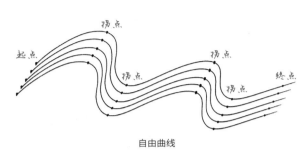

自由曲线

提示 在绘制四点曲线时，先用绘制三点曲线的方法定出前3个点，然后确定一个与第1个点在同一水平线上的点。注意，这里点的距离和相对关系可以灵活变化。连接第3个点后再用平滑曲线连接第4个点。

提示 在绘制自由曲线时，先在纸面上随机确定4个以上的点，然后进行平滑连线。其发力技巧与三点曲线的发力技巧一致，但需练习线条平顺穿过所有点的能力，增强手的控制力。

3.2.3　闭合曲线

　　当一条曲线首尾相接时，就会形成闭合曲线。闭合曲线又可细分为椭圆形和圆形。椭圆形的横轴与竖轴长度不相等，圆形的各个轴均相等。关于椭圆形和圆形，可以理解为一个方形（长方形和正方形）被无限切割细分形成的图形。

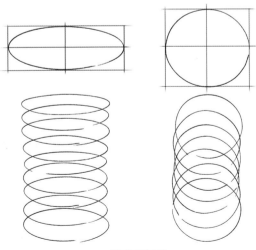

椭圆形和圆形

提示 在绘制闭合曲线时，先在纸面上确定中心点，然后确定两条轴（水平和垂直），接着确定四等分点。也可以先绘制长方形或正方形，然后找到各条边的中点，接着穿过4个点进行连线。其发力技巧为手臂悬空，大臂发力，抬笔要快，落笔要轻，首尾相接。

3.3 线条的属性关系

线条是画面最基本的构成元素，有着不同的属性和作用。线条因不同的属性和作用而形成不同的属性关系，根据这种关系的不同，线条可划分为轮廓线、投影轮廓线、转折线、结构线、分型线、明暗交界线、辅助线、透视线、剖面线和排线等。下面以盒子的打开图为例来进行详细讲解。

将各类线条按绘制顺序排列，依次为辅助线、透视线、轮廓线、转折线、结构线、分型线、剖面线、明暗交界线、排线和投影轮廓线。但顺序不是一成不变的，可根据实际需要进行调整。根据轻重粗细程度排序，依次为轮廓线、投影轮廓线、转折线、结构线、分型线、明暗交界线、剖面线、排线、透视线和辅助线。排列越靠前，线条越重、越粗，其中前5种多用复描线表现，后5种多用单线表现。根据空间关系和明暗影响，可以有细微灵活的变化。

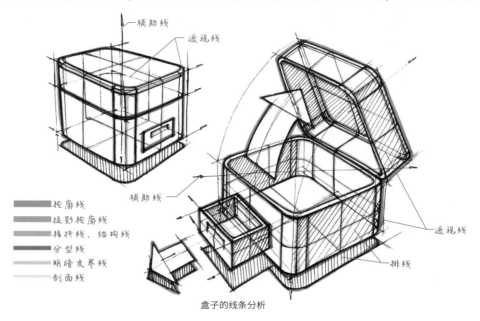

盒子的线条分析

辅助线

辅助线用于在起稿阶段辅助找准物体的形状和结构，确定形体在纸面上的位置。另外，在寻找物体的对称关系或延长附加部分时也可绘制辅助线。

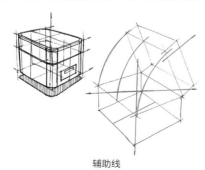

辅助线

提示 辅助线有利于更准确清晰地表达物体的形状和结构，在训练前期可保留较多的辅助线，后期熟练后则可省略。辅助线一般以最轻、最细的单线为主，避免过于引人注目。

透视线

透视线是在起稿阶段辅助确定透视关系的线条，因而本质上也属于辅助线。在产品设计手绘中一般会保留透视线。

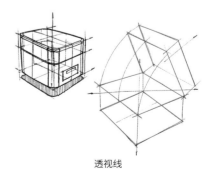

透视线

提示 在绘制透视线时，需要将露出和被遮挡住的线条都表现出来，一般采用两头轻、中间重的线条绘制，有时也采用一头重、一头轻的线条绘制，在末端朝向汇聚方向的位置可加上小箭头，表明透视线的汇聚趋势。

轮廓线

轮廓线是物体与周围空间（背景）的分界线，将空间分割为物体内空间和物体外空间，应进行复描加重处理。轮廓线又可细分为整体轮廓线和局部轮廓线，前者是物体整体与空间的边界，后者是物体自身的局部分界。

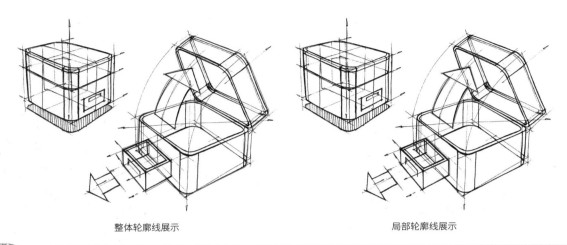

整体轮廓线展示　　　　　　　　　　　　　　　　局部轮廓线展示

提示 轮廓线是最明确的线条，需要进行复描加重处理，也需要根据空间和明暗关系进行细微区分，一般亮部较细、较轻，暗部较粗、较重。

转折线

转折线是物体的面发生转折时产生的线条，是较实、较重的线条。转折线对于交代物体形变具有至关重要的作用。转折线往往需要进行复描加重处理，也需要根据空间和明暗关系进行细微区分。

结构线

结构线是用于交代物体形态结构的线条，通常情况下会与一些透视线、转折线重合。转折线在一定意义上也属于结构线的一种。当物体形态发生变化，原本的边缘被加工处理后，就形成了新的结构，此时产生的线条需要被进一步强调出来。例如，对盒子的边进行倒角后产生了新的形态，此时就需要在圆角的始末添加结构线，用来交代圆角是从哪里开始到哪里结束的。再如，物体形态产生了面内的凹凸起伏或形态附加，此时新结构的边缘需要着重表现。

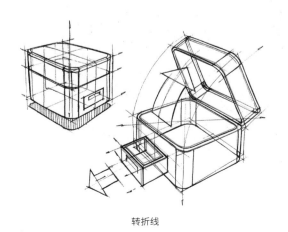

转折线

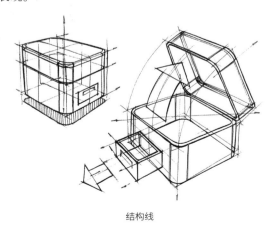

结构线

提示 大多数结构线都可以用单线表达，并根据空间和明暗关系，以及新结构的重要程度进行复描加重和细微区分。

分型线

分型线又称分模线，是物体自身结构分割所产生的线条。物体通常是由许多部件装配而成的，各部件之间存在缝隙（美工槽），可以进行拆分、组合。例如，盒子的盒盖和盒体就是两个可以分离的部件，其分界线就是分型线。

剖面线

剖面线又叫截面线或特征线，是用于交代和约束物体内部的线条，属于分析线条。在绘制完物体基本形态后，要对每个面进行两个方向轴的十字交叉线分析，清楚地表达面内的具体形态。

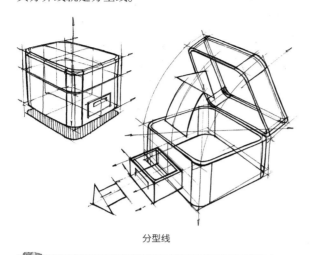

分型线

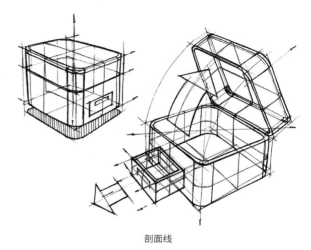

剖面线

 提示 物体上的分型线是由功能部件、生产加工工艺及装配方式决定的，绘制好分型线可以很好地展示出设计师对实际生产加工和装配方式的理解。分型线需要进行复描加重处理，以清楚地区分各个部件。

提示 剖面线是产品设计手绘中的特色线条，绘制好剖面线可以很好地展现出设计师的严谨逻辑。剖面线以干净整洁的单线为主，绘制时运笔要快速干脆，不能超出面的边界。

排线、明暗交界线与投影轮廓线

排线、明暗交界线与投影轮廓线是对线稿进行明暗关系表达时应用的线条。排线是产品设计手绘中的特色线条，在暗部区域以一定倾斜角度的平行等距或平行渐变的单线进行排布。平行等距代表暗部光影平均，灰度统一；平行渐变代表暗部光影渐变，靠近底部处受反光影响被补光提亮。明暗交界线为暗面、亮面和灰面的分界线。投影轮廓线是对物体的阴影边界的一种表达，需要进行复描处理，以强调投影的近实远虚。

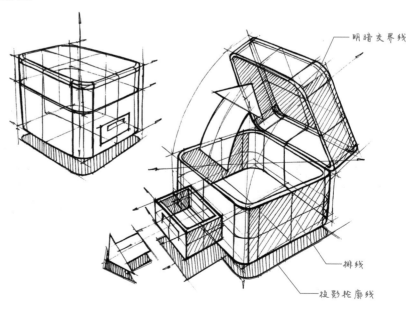

明暗交界线

排线

投影轮廓线

排线、明暗交界线与投影轮廓线

提示 对线稿进行明暗区分，可以对后期上色起到很重要的辅助作用。

3.4 线条的训练方法

前面学习了线条的实际应用，本节学习直线、开放曲线和闭合曲线的训练方法。在产品设计手绘中，掌握正确且高效的线条训练方法会产生事半功倍的效果。

3.4.1 直线的训练方法

直线的训练方法有定点排线训练法、切割训练法和透视训练法3种。下面具体讲解这3种训练方法。

- **定点排线训练法**

定点排线训练法是一种比较传统的线条训练方法。其要点是先将纸面分为面积相同的几部分，然后定点，接着连线。

两头轻、中间重的线条定点排线训练　　一头重、一头轻的线条定点排线训练　　两头重、中间均匀的线条定点排线训练　　长直线定点排线训练

- **切割训练法**

切割训练法是指在纸面上进行长线分割、短线填充的训练方法。先用长线条随机分割纸面，然后在分割好的空间内填充不同方向、不同类型的短线。短线的排布可以是平行等距的均匀排线，也可以是平行渐变的不均匀排线。此方法的优点在于训练的线条类型多样，可使绘制者掌握更全面的绘制线条的技巧，学习更高效。

切割训练

- **透视训练法**

透视训练法是指将透视知识应用到线条练习中的训练方法，可以进行一点、两点和三点透视直线训练。运用此方法在练习线条的同时，还能进一步巩固透视知识。

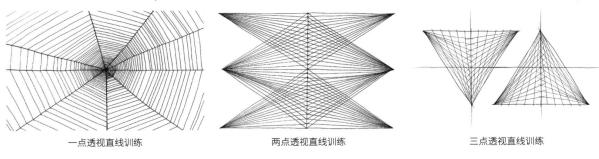

一点透视直线训练　　　　　　两点透视直线训练　　　　　　三点透视直线训练

3.4.2 开放曲线的训练方法

　　前面学习了直线的训练方法，下面开始学习开放曲线的训练方法。开放曲线的训练方法也包括定点排线训练法、切割训练法和透视训练法。

● 定点排线训练法

　　在使用定点排线训练法进行三点曲线的训练时，需绘制出水平线和中垂线作为辅助线，待确定出3个点后，用平滑的曲线连接。进行四点曲线的训练时，需注意每条曲线上确定的4个点要尽量与其他曲线的对应点对齐，画出大小和形状相近的曲线。进行自由曲线的训练时，也需注意线的形状要保持一致，先定点，再连线，不要随手乱画。

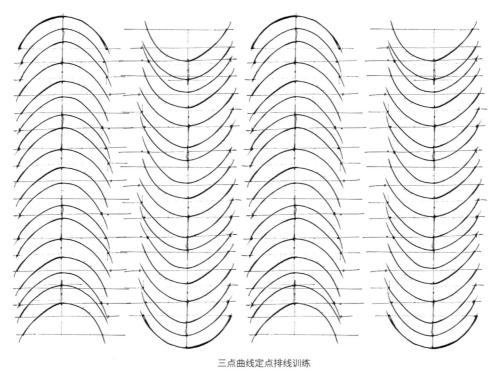

三点曲线定点排线训练

四点曲线定点排线训练　　　　　　　　　　自由曲线定点排线训练

• 切割训练法

在使用切割训练法进行曲线的训练时，要点与直线的训练一致。注意曲线的弯曲程度应尽量保持一致，在分界处可进行复描处理。采用此方法绘制的曲线有立体效果。

曲线切割训练

• 透视训练法

在使用透视训练法进行三点曲线的训练时，要将三点曲线置于透视空间中，并使三点曲线符合近大远小的变化规律。

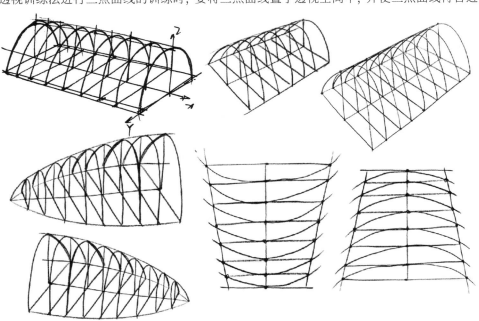

三点曲线透视训练

3.4.3 闭合曲线的训练方法

下面学习闭合曲线的训练方法。闭合曲线的训练方法包括定方框相切训练法和徒手训练法，读者可以根据实际情况选择合适的方法进行训练。

• 定方框相切训练法

定方框相切训练法主要是绘制椭圆形和圆形的训练方法。在绘制时，先画出方框，然后绘制中线确定四等分点，接着用平滑的曲线连接各点。当方框为长方形时，长和宽不一致，曲线与方框相切得到椭圆形；当方框为正方形时，长和宽一致，曲线与方框相切得到圆形。

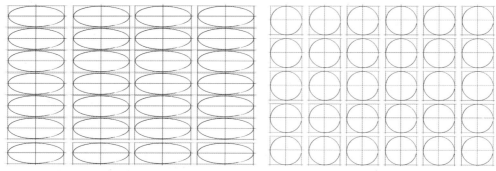

椭圆形定方框相切训练　　　　　　　　圆形定方框相切训练

• 徒手训练法

徒手训练法即无须借助工具和辅助线，直接进行绘制。在绘制时，注意运笔需放松，速度可快一些，末尾不要出现小勾线。在训练完单线后，可以进行复描训练，提高画圆和椭圆的准确度和稳定度，逐步形成肌肉记忆。

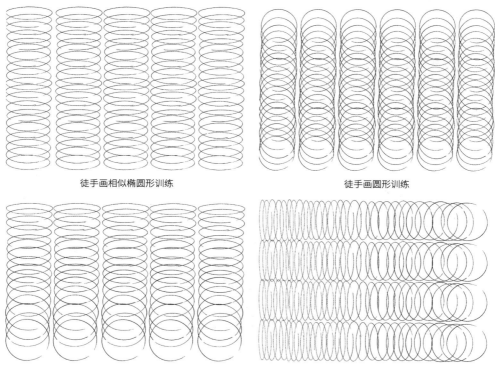

徒手画相似椭圆形训练　　　　　　　　徒手画圆形训练

徒手画椭圆形到圆形的变化过程训练

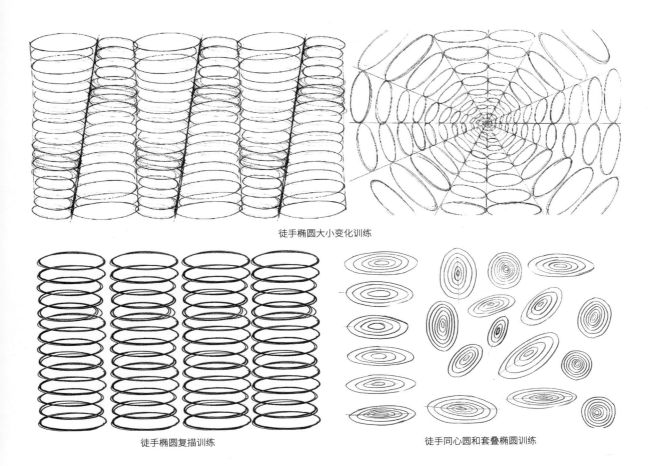

徒手椭圆大小变化训练

徒手椭圆复描训练

徒手同心圆和套叠椭圆训练

3.5 线条的练习

前面学习了各种线条的绘制方法和技巧，接下来学习线条的应用。读者应勤加练习，掌握3种类型线条的综合运用。

3.5.1 直线练习：立方体

下面以一个两点透视的立方体为例，讲解直线的运用。此时立方体的一条边线正对观者，左右两侧对称。

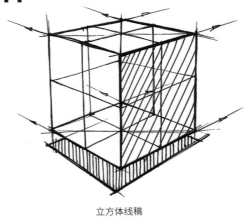

立方体线稿

01 起稿。 先在纸面上确定符合透视规律的点，然后用两头轻、中间重的线条连接点，绘制较长的透视线（可略微超出端点）。一般可先绘制中间的垂线1，将垂线的长度设为a，然后绘制线条2，长度大致为2/3 a，并向下绘制垂线3，接着根据透视规律确定下方线条4的倾斜趋势，使其与线条2向后汇聚于灭点上，连接底部端点，得到右侧面。同理，绘制线条5、线条6和线条7，得到对称的左侧面。绘制左上线条8，根据透视规律向下压一些，与同方向透视线2和透视线4汇聚于灭点上。绘制右上边线9，由交点向下绘制垂线10，然后绘制线条11和线条12，使其与垂线10相交于一点，完成立方体透视起稿工作。

02 确定形体。 用两头重、中间均匀的线条进行复描，加重轮廓线和转折线，此时，结构线与转折线重合。也可以使用一头重、一头轻的线条来复描，用来表现前实后虚的效果，注意复描线条不要超出端点。

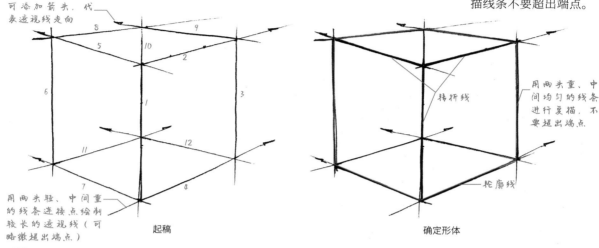

起稿

确定形体

提示　通过后方的3条被遮挡住的线来验证透视是否准确。若3条线相交于一点，则透视准确；若不相交，则透视错误，需要对前方的线条再进行调整。

提示　轮廓线是物体与空间分割的边界，转折线是物体自身由面转折而形成的线条，两者都需要加以强调。

03 绘制剖面线。 用较轻、较细的两头重、中间均匀的线条绘制出每个面横向和纵向的剖面线，组成十字交叉线，对面进行约束并交代其内部结构。注意剖面线的两端不要超出面的边界，4条剖面线即组成一个截面。

04 表达光影。 设定光源在左上方，使用排线的方法填充右边的暗面，对内部的线条应用线段进行45°的排线。先根据透视绘制投影的边框，然后使用均匀的竖向线条填充，接着使用一头重、一头轻的线条强调明暗交界线和投影边框，形成前实后虚的效果。

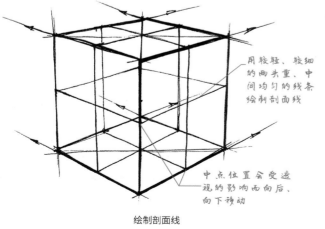

绘制剖面线

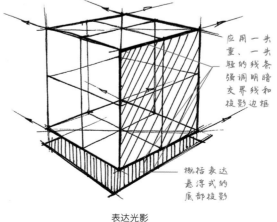

表达光影

3.5.2 开放曲线练习：曲面形体

　　下面以一个曲面形体为例，讲解开放曲线在产品设计手绘中的运用。开放曲线无法单独确定形体，需进行一定的组合。

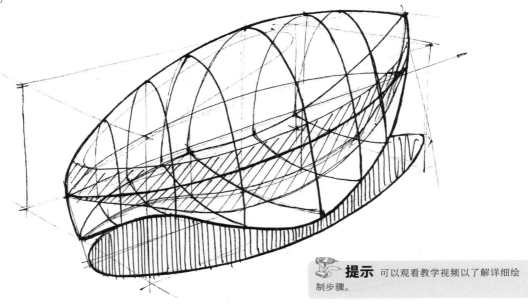

提示 可以观看教学视频以了解详细绘制步骤。

曲面形体线稿

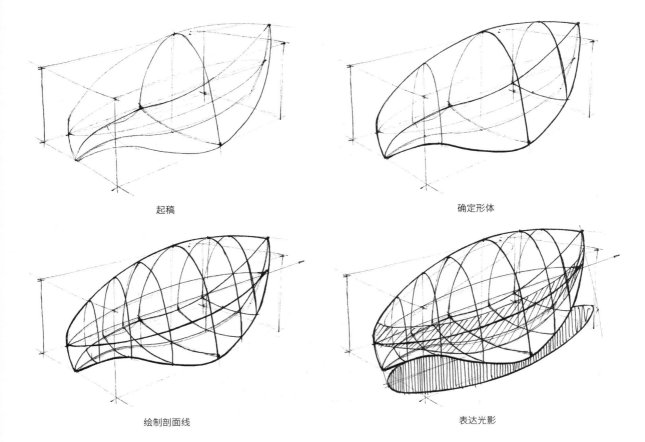

起稿　　　　　　　　　　　　　　　　　确定形体

绘制剖面线　　　　　　　　　　　　　　表达光影

3.5.3 闭合曲线练习：椭球体

下面以一个椭球体为例，讲解闭合曲线在产品设计手绘中的运用。

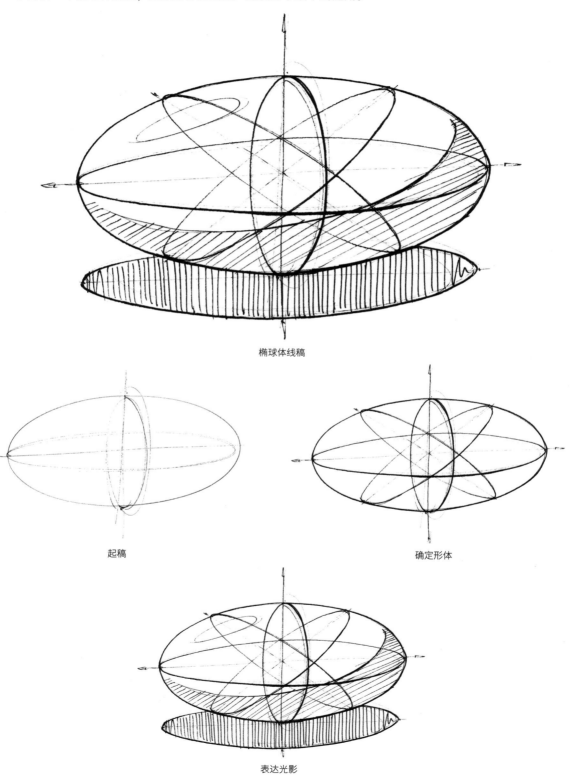

椭球体线稿

起稿

确定形体

表达光影

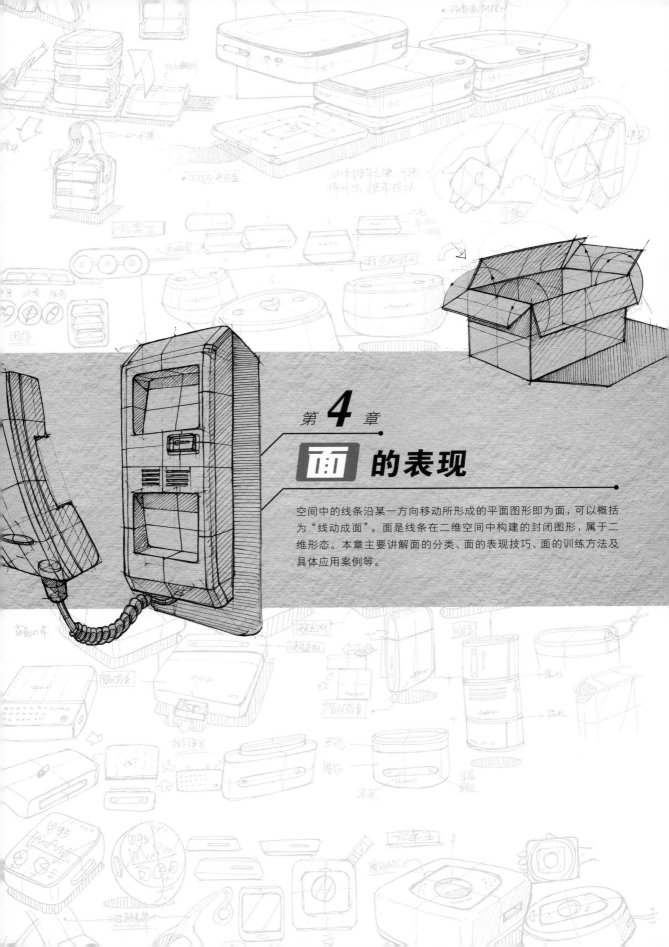

第 4 章

面 的表现

空间中的线条沿某一方向移动所形成的平面图形即为面，可以概括为"线动成面"。面是线条在二维空间中构建的封闭图形，属于二维形态。本章主要讲解面的分类、面的表现技巧、面的训练方法及具体应用案例等。

4.1 面的分类及表现技巧

面根据形态特征，可分为平面和曲面。由直线构成的面为平面，由曲线构成的面为曲面，二者在形态上具有明显差异。在此基础上，面的内部还可能发生变化，形成凹凸面和渐消面。接下来学习不同类别的面。

4.1.1 平面

平面是由现实生活中的实物（如镜面、平静的水面等）抽象出来的数学概念，它与现实中的物体不同，具有无限延展性。

• 无透视平面图形

两条线无法构成一个封闭的图形，因此构成一个面至少需要3条线。随着线条数的增加，会形成不同的平面图形，如三角形、四边形、五边形、六边形和八边形等，直到形成圆形。在绘制平面时，可以先画出一个四边形，其他平面图形可以理解为对四边形的切割。

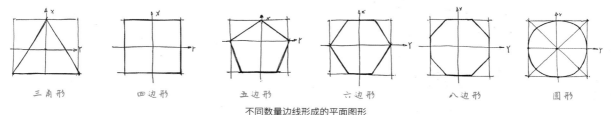

| 三角形 | 四边形 | 五边形 | 六边形 | 八边形 | 圆形 |

不同数量边线形成的平面图形

平面因边线关系的变化而变化。四边形的4条边线，根据朝向的不同，可分为两组。相对边线分别平行的四边形为平行四边形。4条边线相等，4个角都是直角的四边形为正方形。相对边线相等（通常邻边不相等），4个角都是直角的四边形为长方形。此外，还有菱形、梯形和不规则多边形等平面图形。

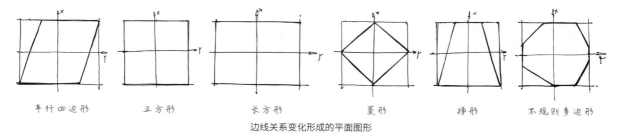

| 平行四边形 | 正方形 | 长方形 | 菱形 | 梯形 | 不规则多边形 |

边线关系变化形成的平面图形

• 透视中的平面

将不同的平面置于透视系统中，可以得到不同的形状。在绘制完外部边框后，对其内部进行分析，进而绘制出x和y两个方向的剖面线。在平面中，剖面线是直线，同样要符合透视规律。在绘制透视平面时，应注意透视线应汇聚于远方的灭点，且符合近大远小的规律。

在绘制不同的形状时，要先画外部的边框，然后画内部的形状。在一点透视中，外部矩形框变为等腰梯形，高度减小，需格外注意倾斜线条的表达。

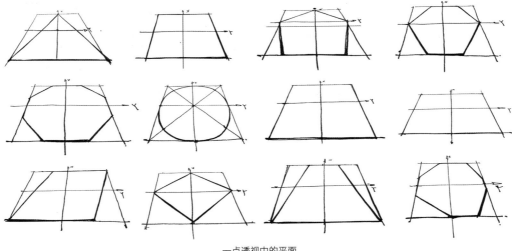

一点透视中的平面

在绘制两点透视中的图形前，需要先绘制透视关系准确的边框，然后根据图形形状的点所在的位置进行定点连线，使得到的图形符合透视规律。

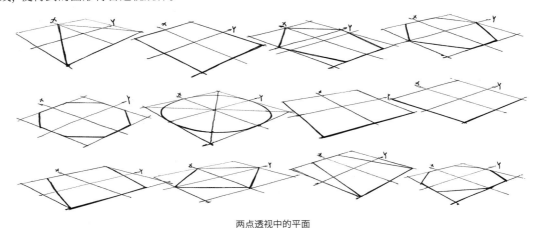

两点透视中的平面

> **提示** 在绘制时要注意符合近大远小的透视规律，原本的中点位置稍向后移，被剖面线（中分线）分割的原本面积相等的两部分呈现出前半部分大、后半部分小的变化。

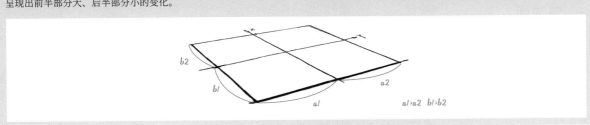

• 平面中的圆形

圆形在透视中的变化既是重点也是难点。下面进行详细讲解。

在绘制透视圆时，采用八点画圆法。先绘制一个正方形，再绘制中分线，中分线与边框的交点即圆的四等分点，圆与四等分点相切，即圆的轨迹需穿过四等分点。然后绘制对角线，其交点为圆心，同时也应与中分线交点重合。接着将4条对角线分别进行三等分，找到靠外的三等分点。至此，找到8个点。最后将8个点用平滑的曲线相连，就能得到圆形。

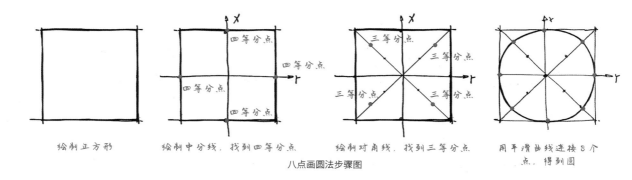

八点画圆法步骤图

绘制正方形　　　绘制中分线，找到四等分点　　　绘制对角线，找到三等分点　　　用平滑曲线连接8个点，得到圆

当圆位于一点透视中时，受近大远小规律的影响，由剖面线分割开来的前半圆面积大，后半圆面积小，因此出现前半段圆弧较鼓、后半段圆弧较平缓的情况。注意，圆的左右两侧保持对称。

当圆位于两点透视中时，受近大远小规律的影响，其边框发生变化，两条对角线的一条变长，另一条变短。我们把它们分别叫作长轴和短轴，穿过长轴的1/4圆弧被拉伸，形状变鼓；穿过短轴的1/4圆弧被压缩，形状变扁。由此形成了两头鼓中间扁的圆。

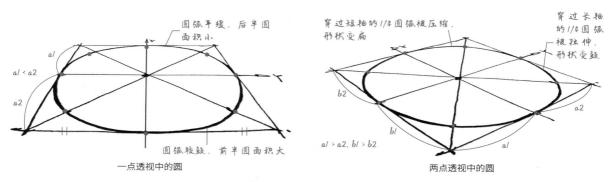

一点透视中的圆

两点透视中的圆

4.1.2　曲面

曲面是平面被施加外力后，形态发生弯曲变形的一种面。按照弯曲变形的边线数量，可将曲面分为单曲面和双曲面。

• 单曲面

在平面视角下，曲面与平面并无差别，无法判断一个面到底是平的还是弯曲的。在透视视角下绘制曲面时，可以先确定平面的透视规律，然后表现边线的弯曲变化，保证绘制的曲面符合透视规律。

单曲面只有一组边线发生弯曲变化，另一组边线依旧为直线。发生弯曲变化的边线可以是三点曲线（抛物线）、四点曲线（S形曲线）或自由曲线，由此可以形成不同形态的曲面。

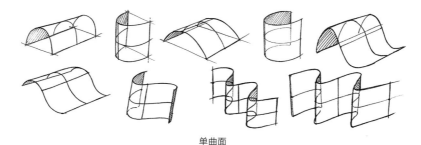

单曲面

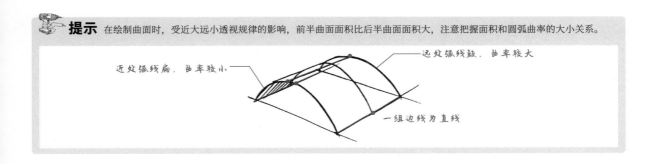

提示 在绘制曲面时，受近大远小透视规律的影响，前半曲面面积比后半曲面面积大，注意把握面积和圆弧曲率的大小关系。

- **双曲面**

  双曲面的两组边线都发生弯曲变化，绘制时要注意剖面线会随之变化。

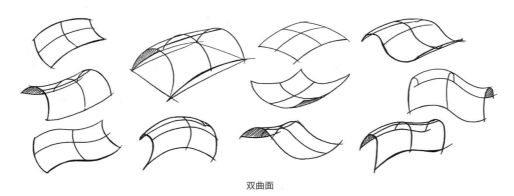

双曲面

提示 双曲面的两组边线都会发生形变，因此内部的剖面线也会发生相应变化。双曲面就像一块布料，具有一定的拉伸性。从近大远小的透视规律来看，空间位置靠前的圆弧边线较长，空间位置靠后的圆弧边线较短；从圆弧曲率的变化规律来看，空间位置靠前的圆弧曲率较小，空间位置靠后的圆弧曲率较大。

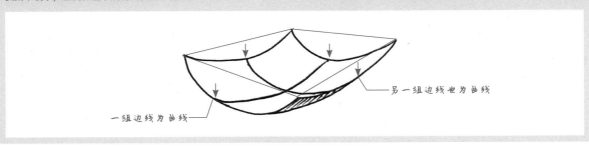

4.1.3 凹凸面

一个由4条线组成的图形，通过观察两组边线是否弯曲可以判断其是平面还是曲面，但无法判断面的内部是平坦的还是起伏的，因此分析剖面线对约束面和准确表达面尤为重要。

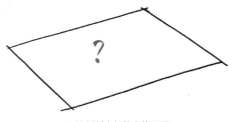

无法判断内部状态的平面

平面或曲面内的凹凸可能在任意位置；凹凸的形状多样，可为方形、圆形等；凹凸的大小和深度需根据具体需求而定。根据凹凸的形式不同，凹凸面可分为干脆的凹凸面与平缓的凹凸面。

• 干脆的凹凸面

平面内干脆凹凸

下图为平面内部的凹凸变化，包括圆形、方形和三角形的凸起和凹陷。虽然形状不同，但是面与面之间的过渡都是干脆、硬朗的。剖面线的中间部分会随形状发生转折，四周的剖面线依然与边线平行。

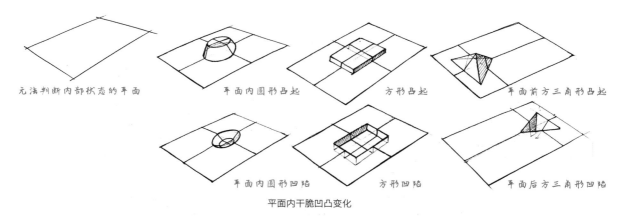

平面内干脆凹凸变化

单曲面内干脆凹凸

下图为单曲面内部的凹凸变化，包括凸面上的圆形凸起、凸面上的圆形凹陷、凹面上的方形凸起和凹面上的方形凹陷。在表现曲面凹凸时，凹陷或凸起内部的线条需根据整体曲面的曲度绘制，凹凸面上的剖面线形态由凹陷或凸起的形态确定，四周剖面线中的一组发生弯曲，另一组保持平直。还需要强调线条的属性关系，对轮廓线和位置靠前的线条进行复描加重，内部的剖面线为干净清爽的单线。

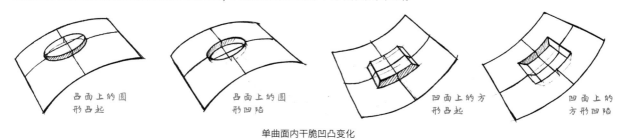

单曲面内干脆凹凸变化

提示 在表现单曲面圆形凹凸时，凹凸面的形状会随着曲面整体的曲度发生形变。当凹凸的面积较小时，体现不明显，可概括表达；当凹凸的面积较大时，形变能被肉眼看到，此时需要先根据曲面的曲度绘制矩形框，然后采用八点画圆法绘制圆形截面，最后进行凹凸处理。

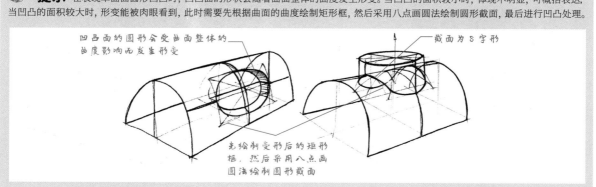

双曲面内干脆凹凸

下图为双曲面内部的凹凸变化，包括凸面上的圆形凸起和凹面上的圆形凹陷。在表现双曲面凹凸时，内部的线条依然需根据整体曲面的曲度变化，可采用八点画圆法确定形变后的圆面。凹凸面上的剖面线形态根据凹陷或凸起的形态特征确定，四周的剖面线均发生弯曲变化。

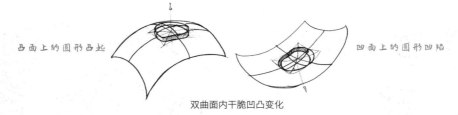

双曲面内干脆凹凸变化

● 平缓的凹凸面

平面内平缓凹凸

下图通过剖面线的变化表示四周平坦而内部缓缓凸起或凹陷的状态。凸起和凹陷的形状为圆面，用虚线将其标出，看上去像一座小山。此处应注意剖面线的中间部分发生弯曲变化，四周连接中点的线段依然与边线保持一致。

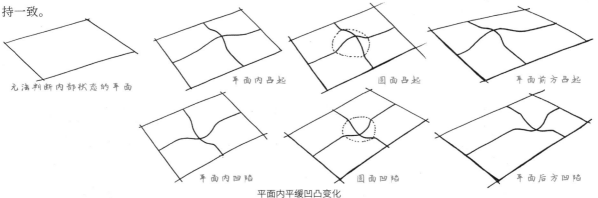

平面内平缓凹凸变化

单曲面内平缓凹凸

无论是平面还是曲面，内部都有可能发生凹凸变化。下图为单曲面内的平缓凹凸变化。

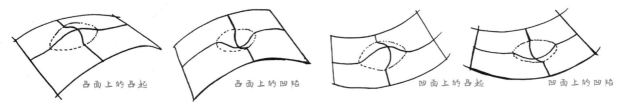

单曲面内平缓凹凸变化

双曲面内平缓凹凸

下图为双曲面内的平缓凹凸变化，包括凹面上的圆形凹陷和凸面上的圆形凸起。中间凹凸面的剖面线过渡平缓，四周剖面线随着整体曲面的起伏发生弯曲变化。

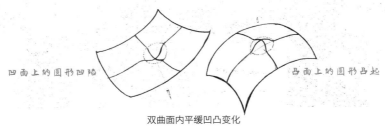

双曲面内平缓凹凸变化

在进行产品设计手绘时，学会使用剖面线分析和约束物体的面非常重要。通过前面的内容可知，面的内部可以发生万千变化，这些变化都可以使用剖面线清晰地表达出来。

凹凸面在实际的产品设计造型中较为常见，且应用广泛。它可用于产品整体特征的塑造，形成具有特色的产品形态；也可用于产品局部（如按键、开关等细节处），突出产品的高品质。它主要有丰富产品造型、引导用户视线、引导用户进行操作及满足功能需求等重要作用。

凹凸面在产品设计中的应用

4.1.4 渐消面

渐消面是指产品外形上逐渐消失的面，其本质是两个曲面连续性的改变，产生过渡关系。绘制渐消面的重点在于绘制渐变的线条，多选用两头轻、中间重和一头轻、一头重的线条。这里注意可增加剖面线和结构线来交代约束形面，通过暗部的排线表达光影。

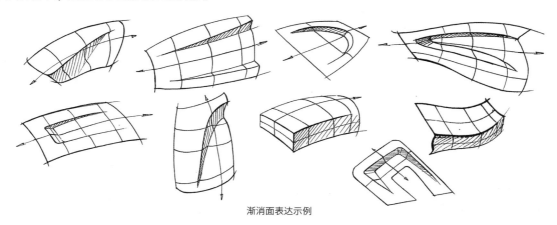

渐消面表达示例

渐消面是设计师常用的一种造型手法，多用于产品的局部，以凸显产品特征，丰富产品造型，表现产品的流动感、速度感、现代感和科技感。

渐消面在产品设计中的应用

4.2 面的训练方法

进行面的训练,一方面有助于巩固前期学习的透视和线条知识,另一方面有助于掌握面的表达技巧。

4.2.1 平面的训练方法

为了保证训练的高效,将平面与透视相结合,进行一点透视平面训练和两点透视平面训练。在绘制时,要时刻谨记透视规律,着重练习绘制正方形和圆形的平面。

- **一点透视平面训练**

在进行一点透视平面训练时,需保证透视的准确性,使透视线向后汇聚于一点。在绘制时,先进行正方形的训练,然后进行圆形的训练,这里采用八点画圆法。

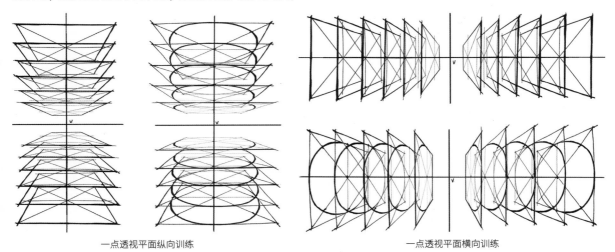

一点透视平面纵向训练　　　　　　　一点透视平面横向训练

- **两点透视平面训练**

在进行两点透视平面训练时,同样需保证透视准确,使透视线向左右两个方向汇聚于两个灭点上。在绘制时,将正方形和圆形相结合,先绘制符合透视规律的正方形,然后使用八点画圆法绘制圆形。根据近大远小的透视规律,正方形的边长向后递减,正方形和圆形的面积逐渐缩小。

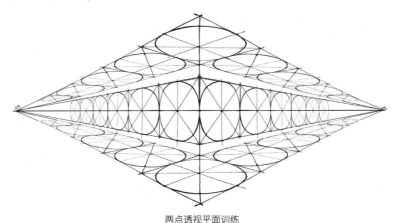

两点透视平面训练

• 平面附加训练

在绘制时，如何保证向后延伸的正方形与前面的正方形面积相等呢？这里需要回到平面视角进行分析。先绘制出第一个正方形，然后找到中点，从顶点出发，经过中点，向后延伸与底边延长线产生交点，此点为底点，即第二个正方形底部的点的位置。如果要做等大圆形附加，只需应用八点画圆法，在正方形中画出圆面即可。透视视角中的圆形绘制技巧与平面视角中的一致，只是由于透视的影响，产生了近大远小的视觉效果。

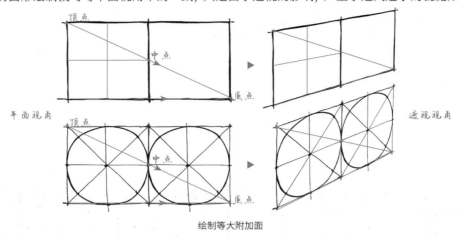

绘制等大附加面

4.2.2 曲面的训练方法

在进行曲面训练时，可以把平面想象成一张在空间中自由下落，因受到空气阻力的影响而产生各种形态的纸张，然后依次将它们绘制出来。注意每个曲面都需进行剖面线分析，剖面线尽量绘制为单线。

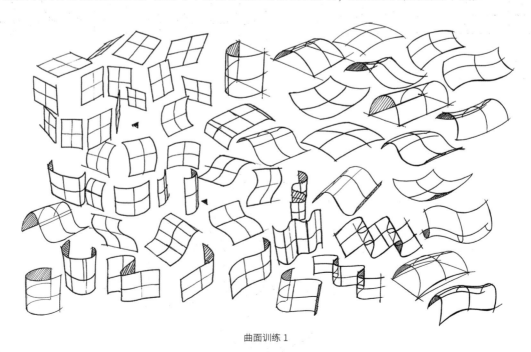

曲面训练1

提示 在进行面的训练时，可以先绘制平面，从平视状态到角度发生变化，再到边线发生弯曲，最后画出各个角度的面。

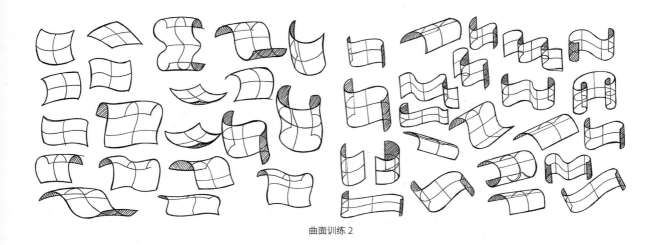

曲面训练 2

4.2.3 凹凸面的训练方法

在进行凹凸面的训练时，可参照实际产品进行绘制，也可发挥想象力进行绘制，力求表现出各个角度、各种形式的凹凸面变化。

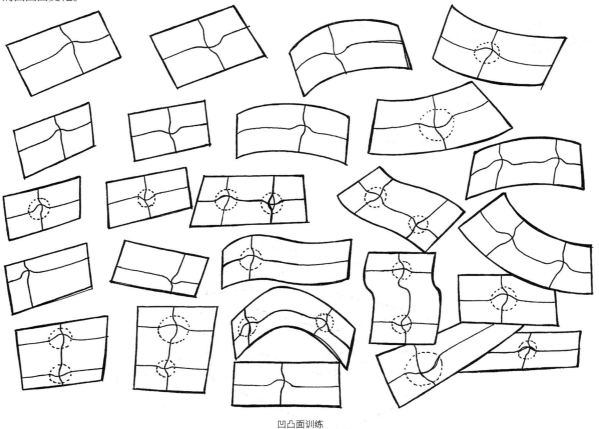

凹凸面训练

提示 绘制可逐步进行，基本步骤为先绘制外轮廓，然后表现内部的凹凸变化，接着分析并绘制剖面线，最后强调轮廓线。

4.2.4 渐消面的训练方法

在进行渐消面的训练时，可参照实际产品进行绘制，也可发挥想象力进行绘制，画出各种不同形式的渐消面。

渐消面训练

4.3 面的练习

下面具体讲解各种面在产品设计手绘中的实际应用，帮助读者理解和巩固前面所学的知识。

4.3.1 平面练习：纸盒

下面以一个长方形纸盒为例，讲解平面在产品设计手绘中的运用。在日常生活中，包装盒和快递盒十分常见，它们都是由平面构成的。由平面构成的产品广泛分布于家居用品、家用电器和电子产品中，如柜子、电视机、冰箱、平板电脑和手机等。

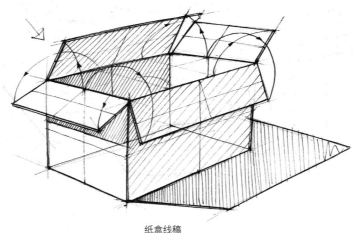

纸盒线稿

01 起稿。 先使用较轻的直线绘制两点透视的长方体，然后将长方体的上盖分割，并绘制出向外翻开的样子。

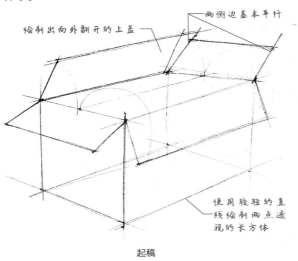

起稿

提示 绘制后方被遮挡住的结构线时，要把握透视关系，可利用圆弧来确定翻开纸板的宽度。

02 确定形体。 先复描明确形体，然后加重轮廓线和转折线，此时的结构线与转折线重合。

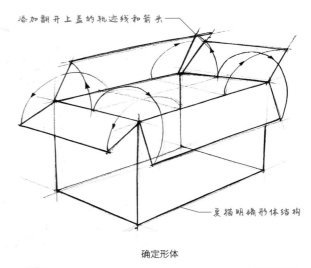

确定形体

提示 复描的线条不要超出端点，可强调翻开上盖的轨迹，并添加箭头。

03 增加细节。 增加每张纸板的厚度，使纸盒更加真实。添加剖面线分析，应用较细的单线绘制每个面横向和纵向的中分线，组成十字交叉线，约束物体的面并交代内部特征。注意，剖面线的两端不要超出面的边界。

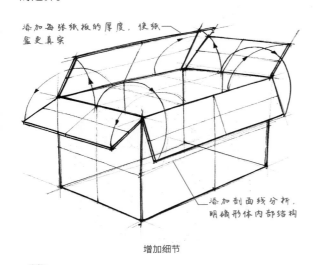

增加细节

提示 竖向线条中点位置受透视影响，会略微向下偏移；分割的面近大远小，符合透视规律。

04 表达光影。 设定光源的位置在左上方，使用排线的方法填充右边的暗面，使用45°的排线绘制内部线条。先根据透视规律绘制投影的边框，然后使用斜向渐变的两头重、中间均匀的线条填充，接着使用一头重、一头轻的线条强调明暗交界线和投影边框，表现前实后虚的效果。

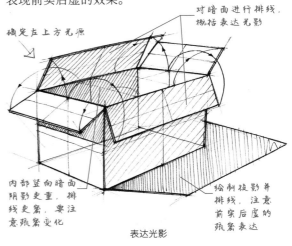

表达光影

▶ 4.3.2 曲面练习：U形枕

　　下面以一个U形枕为例，讲解曲面在产品设计手绘中的运用。U形枕由布料内部填充海绵或颗粒材料制作而成，整个产品形态是由自由的曲面构成的。由曲面构成的产品广泛分布于家居用品、交通工具、电子产品等类别，如门把手、抱枕、办公座椅、汽车和耳机等。

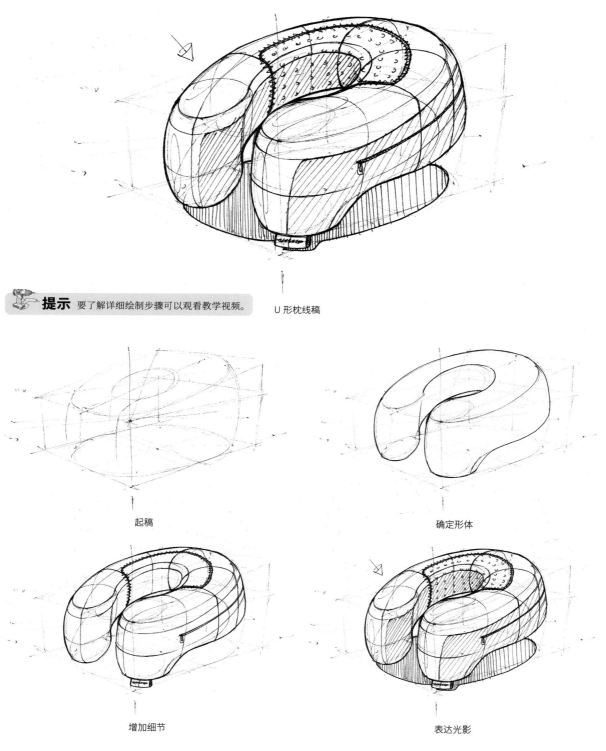

提示 要了解详细绘制步骤可以观看教学视频。

U形枕线稿

起稿

确定形体

增加细节

表达光影

4.3.3 凹凸面练习：门禁电话机

　　下面以门禁电话机为例，讲解凹凸面在产品设计手绘中的运用。门禁电话机的主体由底座与电话两部分组成，底座被固定于墙面上，电话可拿取，二者用电话线连接。在整体为方正形态的基础上应用凹凸面满足功能需求，凹凸面主要包括底座上的悬挂凹槽、开锁键，以及电话表面的凹凸装饰。

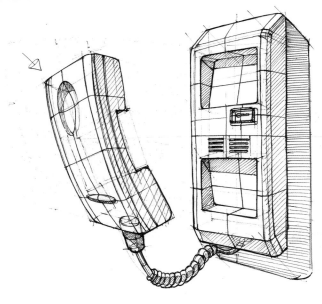

门禁电话机线稿

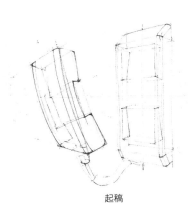

起稿

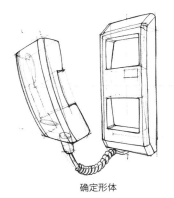

确定形体

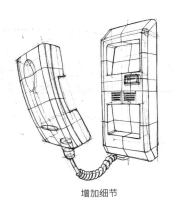

增加细节

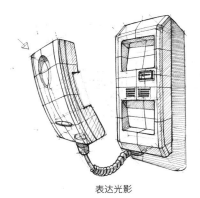

表达光影

4.3.4 渐消面练习：车门把手

下面以一个车门把手为例，讲解渐消面在产品设计手绘中的运用。车门把手一般会设计为自然流畅的形态，并应用渐消面，与汽车外饰设计的流线型风格相呼应，突出速度感和科技感。

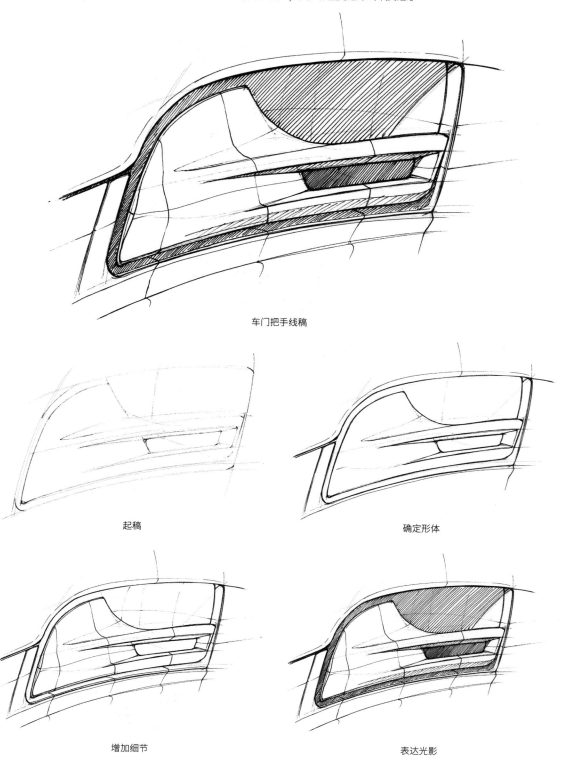

车门把手线稿

起稿

确定形体

增加细节

表达光影

第 5 章

体与倒角 的表现

空间中的面沿着某一方向移动产生了体块，可以概括为"面动成体"。体具有长、宽、高3个维度，属于三维形态。倒角依附于体，是对体进行的处理，是常用的重要造型手段之一。本章对体与倒角的表现方法进行讲解。

5.1 体的表现技巧

设计师在设计产品造型时，常常对不同的体进行变化和组合，从而设计出千变万化的造型。根据形体的复杂程度，可将其划分为基本形体、组合形体和有机形体，表现难度是逐渐增大的。

5.1.1 基本形体

在日常生活中很多造型简单的物体都可以概括为基本形体，而造型复杂的物体是基本形体的组合变化。熟练掌握基本形体的绘制技法是后期创作复杂造型的基本要求和重要保障。根据形态的不同，我们将基本形体分为方体、柱体、锥体和球体。

• 方体

方体由平面围合而成，给人方方正正的感觉。方体的代表为立方体，又称正方体、正六面。从名字来看，方体是由6个方形平面围合而成的。立方体的棱长比为1∶1∶1，12条棱完全相等，其经过变化会衍生出长方体、棱台体、斜方体等。长方体是对立方体进行单方向拉伸或挤压形成的；棱台体是将立方体或长方体的一个面放大或缩小形成的，该面与相对的面大小不一致；斜方体是对立方体或长方体进行切削形成的。基本形体上的动作变化数量有限，因此衍生的形体类别也相对有限。

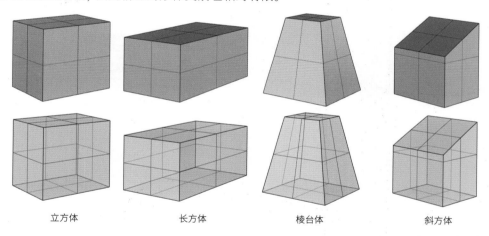

立方体　　　　　　长方体　　　　　　棱台体　　　　　　斜方体

在绘制方体时，主要应用直线，结合透视知识，将形体逐步构建起来。在绘制过程中，需注意进行剖面线分析和线条的属性关系表达。方体的表现相对来说比较简单，它是绘制其他形体的基础，需重点掌握。

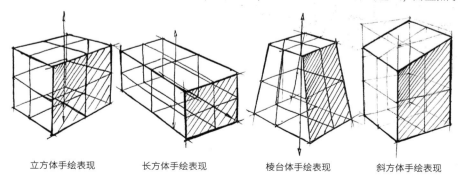

立方体手绘表现　　　　长方体手绘表现　　　　棱台体手绘表现　　　　斜方体手绘表现

方体在产品造型设计中的应用十分广泛，多见于家电、家具、盒式包装和机械设备等产品。方体应用于产品造型设计中，常常给人稳重、硬朗、方正、严谨和理性的感觉。

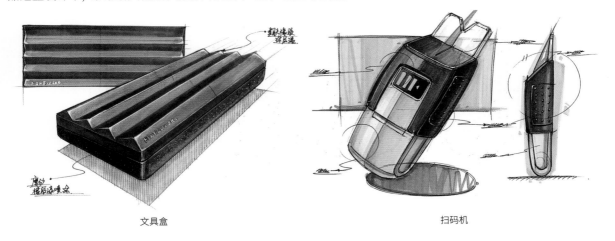

文具盒   扫码机

• 柱体

柱体为纵向较高的一类形体，给人向上的延伸感。柱体大致可细分为圆柱体和棱柱体。圆柱体四周的围合面为闭合曲面，顶面和底面为等大圆形面。圆柱体经过变化，会衍生出圆台体、斜柱体等形体。圆台体是将圆柱体顶部或底部一个面放大或缩小形成的，上下面大小不一致；斜柱体可以看作是将圆柱体斜切形成的柱体。棱柱体的四周围合面均为平面，顶面和底面为等大多边形平面。从成形方式来看，圆柱体可由一个平面沿中心轴旋转而成，棱柱体为多个平面拼合而成。

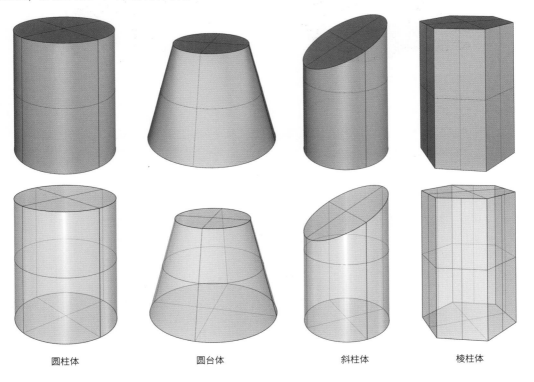

圆柱体   圆台体   斜柱体   棱柱体

提示　长方体也叫四棱柱，另外还有六棱柱和八棱柱等。随着棱数的不断增加，外围的面趋于圆润，最终完成向圆柱体的过渡。

在绘制柱体时，主要应用直线和闭合曲线来构建形体。先绘制出正确的长方体的透视框，然后画上下面，再组成围合面，构建出完整的柱体。在绘制过程中，需注意进行剖面线分析和线条的属性关系表达。

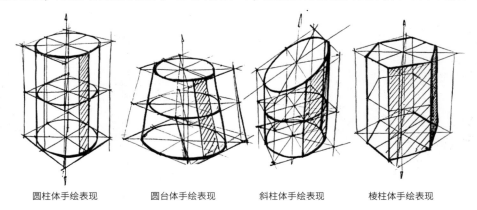

| 圆柱体手绘表现 | 圆台体手绘表现 | 斜柱体手绘表现 | 棱柱体手绘表现 |

柱体在产品造型设计中的应用也十分广泛，多见于小家电、家居用品、瓶式包装和娱乐电子产品等。柱体应用于产品造型设计中，常常给人内敛、柔和与挺拔的感觉。

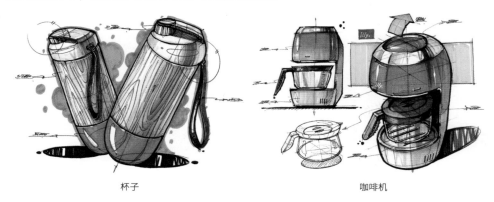

杯子　　　　　　　　　　　　　　　　　　咖啡机

• 锥体

锥体由柱体顶面汇聚于一点而成，给人尖锐感。锥体可细分为圆锥体和棱锥体。圆锥体的围合面为曲面，通过一条倾斜直线沿中心轴环绕而成；棱锥体（如三棱锥、四棱锥）由三角形平面组成的围合面与不同形状的底面拼合而成。

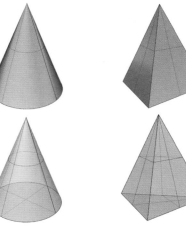

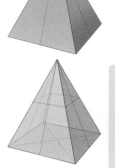

圆锥体　　　　　　　三棱锥体　　　　　　　四棱锥体

提示 锥体的形态比较特殊，可将其理解为柱体的衍生形体。随着围合面棱数的不断增加，棱锥体围合面趋于圆润，最终完成向圆锥体的过渡。

在绘制锥体时，主要应用直线和闭合曲线来构建形体。先绘制出底面和中垂线，然后在中垂线上截取一点，与底面端点连线，构建出完整的锥体。圆锥体的底面采用八点画圆法绘制，在绘制过程中需注意进行剖面线分析和线条的属性关系表达。

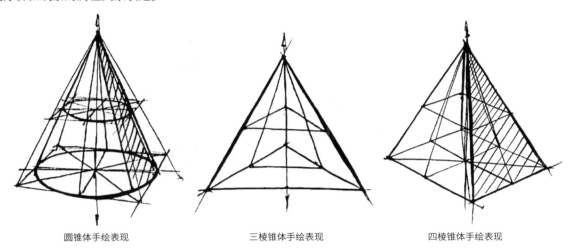

圆锥体手绘表现　　　　　　　三棱锥体手绘表现　　　　　　　四棱锥体手绘表现

锥体在产品造型设计中的应用较为广泛，如路障、漏斗、锥形瓶、小夜灯、电钻钻头和水壶等。锥体应用于产品造型设计中，常常给人尖锐、进取、突破和活跃的感觉。

水壶　　　　　　　　　　　　　　　　　　　　　　锥形瓶

• 球体

球体完全由曲面围合而成，给人圆润感。球体可衍生出椭球体。球体和椭球体比较特殊，从任何角度看都是圆形或椭圆形。在表现两者时，需要将结构线、剖面线绘制清楚。

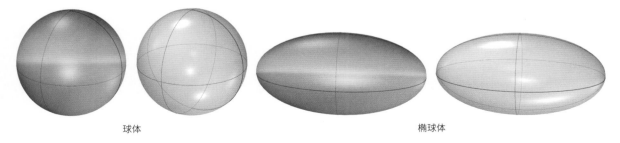

球体　　　　　　　　　　　　　　　　　椭球体

在绘制球体时，主要应用闭合曲线来构建形体。要求对圆形和椭圆形的徒手画法都比较熟练，可直接绘制出流畅、准确的圆形和椭圆形，构成形体的外轮廓，然后进行剖面线分析和线条的属性关系表达，完成形体的构建。

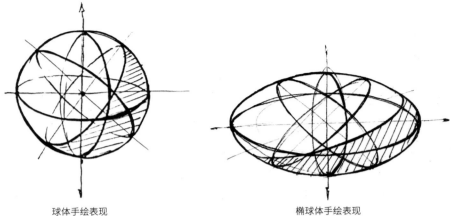

球体手绘表现　　　　　　　　　　　　　椭球体手绘表现

提示 球体的结构线就是剖面线，需绘制多个截面，否则形体看起来就是平面的圆形。在进行线条的属性关系表达时，主要强调空间位置靠前和可看到的线条，使形体具有一定的立体感。

球体在产品造型设计中的应用比较广泛，多见于摄像头、球类运动器械、头盔和灯具等产品。有时是为了发挥球体可以自由滚动的特性而应用，有时是为了符合人体头部结构而应用，有时是出于审美需求而应用。球体应用于产品造型设计中，常常给人温柔、安全、灵活和可爱的感觉。

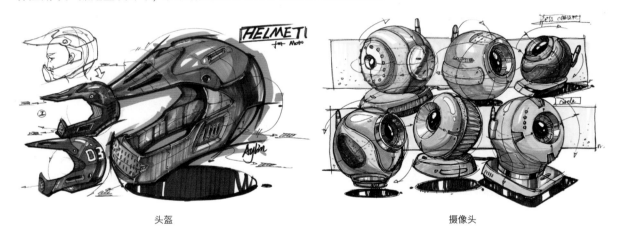

头盔　　　　　　　　　　　　　　　　　　摄像头

5.1.2 组合形体

组合形体是由各种基本形体经过穿插、倒角等而形成的复杂形体。实际生活中的大部分产品都是组合形体，尤其是大批量机械化生产的人造物。组合形体具有较为复杂的形态和外轮廓，能够在视觉和情感上给人带来更为复杂的感受。

例如，手持电钻由组合形体构成，其根据功能部件的不同可划分为不同的体块，转筒和握把部分可概括为圆柱体，二者进行了穿插融合，钻头可概括为圆锥体，底座可概括为长方体，并对一些部分进行了倒角处理。再如，单反相机是由圆柱体和长方体构成的组合形体，镜头和旋钮可概括为圆柱体，机身和闪光灯可概括为长方体。

手持电钻体块构成　　　　　　　　　　　　单反相机体块构成

在绘制组合形体时，需格外注意体块的位置和比例关系。起稿阶段均是从长方体透视框开始，逐步进行形体附加、削减、凹凸等一系列处理，使形体变复杂。

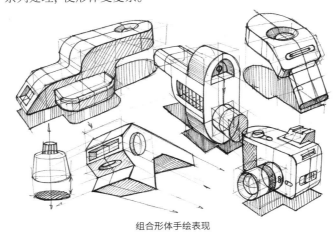

组合形体手绘表现

> **提示** 在绘制组合形体的过程中，透视线和辅助线起着关键作用。在进行形体附加时，务必通过辅助线、延长线找准形体的透视和比例关系。

组合形体在产品造型设计中的运用十分广泛，主要应用在电子产品、机械设备和小家电等产品中。组合形体应用于产品造型设计中时通常需考虑产品内部结构和功能布局。有些产品形体虽然看起来十分复杂，但通过分析后可概括为基本形体的组合变化结果。

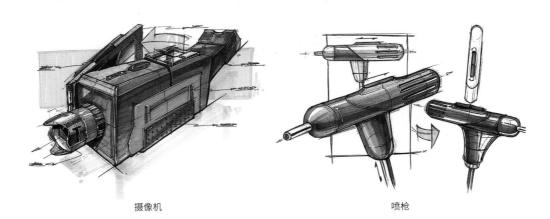

摄像机　　　　　　　　　　　　　　　　喷枪

5.1.3 有机形体

有机形体是由自由有机的曲面构成的形体，具有自然、流动和富于变化的特点。有机形体常应用于建筑、交通工具、穿戴产品和手工艺产品等。有机形体属于自然的形态演化，往往给人生机盎然、富于变化、活泼好动和富有生命力的感觉。

在绘制有机形体时，需使用流畅的自由曲线构建形体。这些曲线往往是随机线条，具有一定的不确定性。在绘制过程中，需要不断地尝试才能得到满意的形体效果。同时，进行剖面线分析对有机形体非常重要，因而往往需绘制多条剖面线来清晰交代形体特征。有机形体常与前面学习的渐消面结合，共同表现具有流动感的产品。

潘顿椅（Panton Chair）

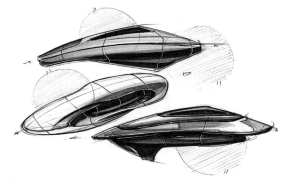

有机形体手绘表现

提示 在绘制有机形体的过程中，线条应尽量绘制得飘逸洒脱一些，避免过于拘谨。

绘制有机形体需要有一定的基本功，这一点可通过大量练习实现。在绘制过程中，可以通过透视框来辅助起稿，保持透视的准确性。

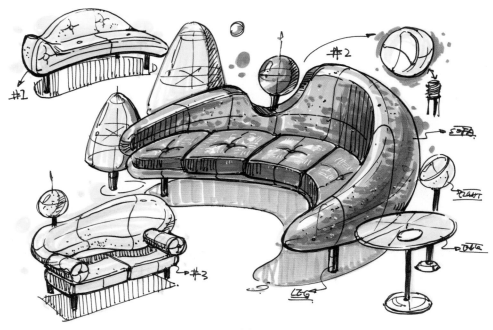

沙发

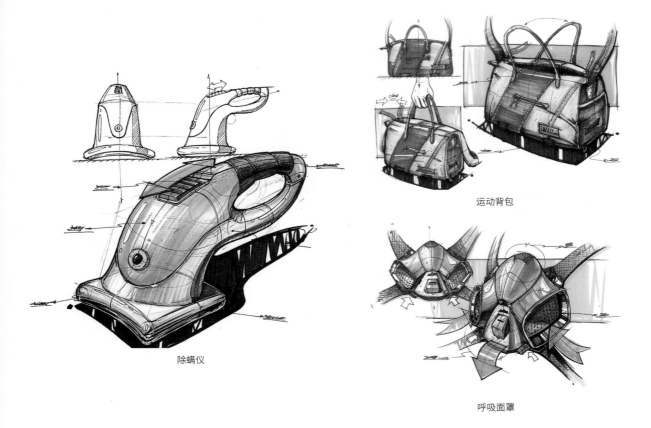

运动背包

除螨仪

呼吸面罩

5.2 倒角的表现技巧

倒角是基于形体处理面与面过渡关系的重要手段，也是设计师处理产品外观的常用手法。倒角在实际应用中发挥着优化产品外观和提升产品操作体验感等作用。倒角的运用，体现了设计师对细节的把控能力和精益求精的设计能力。

5.2.1 倒角的基础认知

从产品加工生产来讲，倒角指的是把加工工件的棱角切削成一定的斜面或圆面。为了去除零件上因加工产生的毛刺，也为了便于零件的装配，一般会在零件端部做出倒角。从产品造型来讲，倒角指的是设计师将原本棱角分明的两个面衔接起来。下图中产品的边缘都进行了倒角处理。

产品倒角

通过观察可以发现，现代产品外观造型上的棱线多进行了倒角处理，这些倒角或大或小，或平或曲，无不起着重要的作用。倒角关乎产品视觉感受和操作体验，越高端、越精密的产品，其倒角越考究。倒角在3C产品上的应用体现得最为明显。

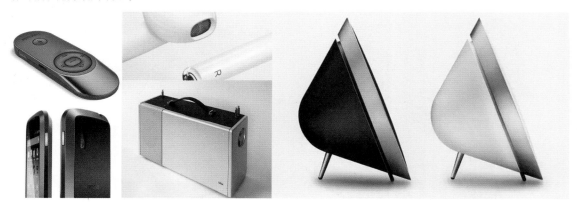

3C 产品倒角

从工艺优化的角度来看，倒角是对加工后的产品零部件进行优化的一种手段，能有效地去除毛边，使其边缘精致平滑；从人机操作的角度来看，倒角解决了产品边角锋利的问题，避免了对人的身体造成伤害，使用户有更好的操作体验；从视觉感受和产品特征的角度来看，倒角可方便设计师设计出不同的产品细节，形成独特的产品造型视觉语言，使产品适用于不同的用户和场景。

富有亲和力的倒角产品

稳重、硬朗的倒角产品

倒角的运用, 使产品外观更加精致, 使产品的视觉和操作体验更好。

5.2.2 倒角的分类

倒角有4种分类方式: 根据倒角的形态可划分为倒切角与倒圆角, 根据倒角的位置可划分为内倒角与外倒角, 根据倒角距离可划分为等距倒角与不等距倒角, 根据倒角的复杂程度可划分为单一倒角与复合倒角。接下来分别进行讲解。

• 倒切角与倒圆角

倒切角即倒C角, 又叫作倒平角, 表示将直角倒为一定角度的倾斜角 (常为45°)。倒圆角又叫作倒R角, 表示将直角倒为1/4圆弧的角。倒角实质上是对形体的边缘进行切削, 从而完成面与面之间的过渡。我们可以将倒切角理解为直角的边缘被一把刀进行了45°的切削, 形成了新的45°小转折平面。我们可以将倒圆角理解为原本为直角的转折部分被替换成了1/4圆柱体的弧面。

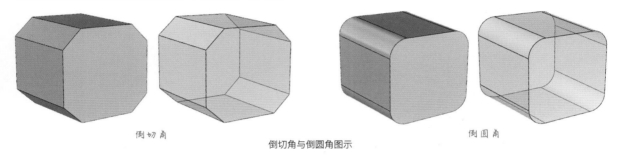

倒切角   倒切角与倒圆角图示   倒圆角

在进行手绘表现时, 先轻轻绘制出立方体的形态, 保证透视关系和结构准确, 然后截取倒角的距离, 确定点后进行斜线或1/4圆弧的连线, 接着进行剖面线分析, 强调由倒角产生的新的结构线。

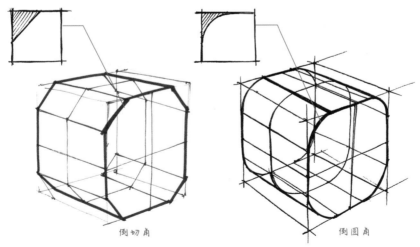

倒切角   倒圆角

倒切角与倒圆角手绘表现

倒切角的转折明显, 可以给人稳重、硬朗的心理感受。倒圆角的转折自然, 可以给人圆润、柔和的心理感受。不同大小的倒角可以起到不同的作用: 大的倒角可以形成新的产品特征, 让人眼前一亮; 小的倒角可以形成硬朗、干脆的"线", 体现产品的品质感。

• 内倒角与外倒角

在面与面夹角的外部或内部进行倒角，外倒角做的是切削减法工作，内倒角做的是增添加法工作。

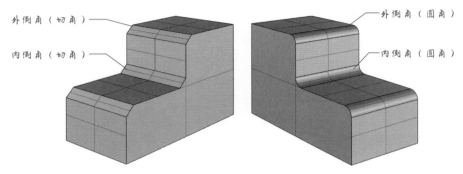

内倒角与外倒角图示

在进行手绘表现时，先轻轻绘制出立方体的形态，保证透视关系和结构准确，然后截取倒角的距离，确定点后进行斜线或1/4圆弧的连线，最后进行剖面线分析，强调由倒角产生的新的结构线。

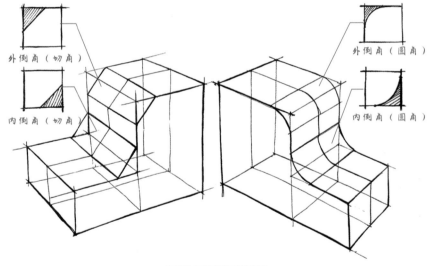

内倒角与外倒角手绘表现

• 等距倒角与不等距倒角

距离保持一致的倒角为等距倒角，距离不一致的为不等距倒角。等距倒角与不等距倒角是针对一条棱，即两个面之间的衔接关系而言的。

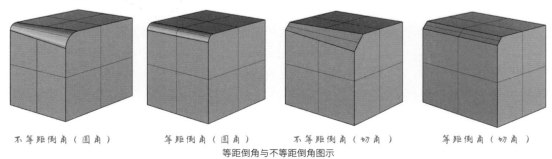

等距倒角与不等距倒角图示

在进行手绘表现时，先轻轻绘制出立方体的形态，保证透视关系和结构准确，然后截取倒角的距离，不等距倒角两侧截取的线段长度不一致，确定点后进行斜线或1/4圆弧的连线，最后进行剖面线分析，强调由倒角产生的新的结构线。

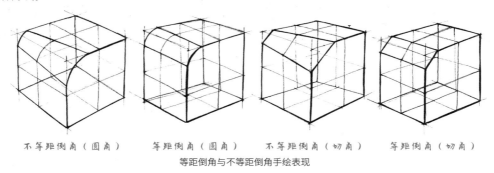

不等距倒角（圆角）　　　等距倒角（圆角）　　　不等距倒角（切角）　　　等距倒角（切角）

等距倒角与不等距倒角手绘表现

单一倒角与复合倒角

单一倒角

单一倒角是指所有边的倒角性质一样，数值相等，在建模时一次即可生成。在应用单一类型的倒角时，根据立方体3个不同方向的棱的情况可以将其分为单边倒角、双边倒角和三边倒角。单边倒角为同方向的一组棱进行倒角，双边倒角为两个方向的两组棱进行倒角，三边倒角为全部方向的三组棱都进行倒角。

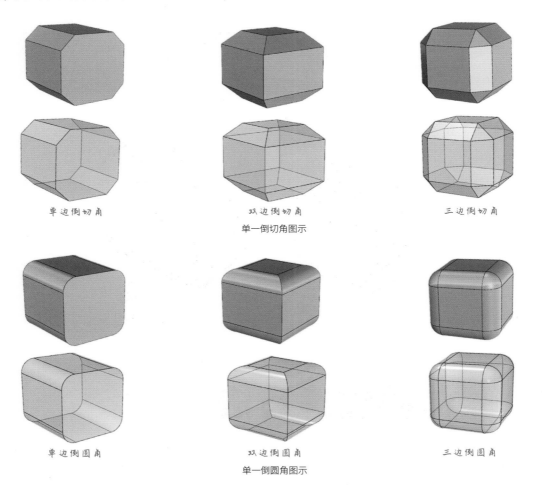

单边倒切角　　　　　　双边倒切角　　　　　　三边倒切角

单一倒切角图示

单边倒圆角　　　　　　双边倒圆角　　　　　　三边倒圆角

单一倒圆角图示

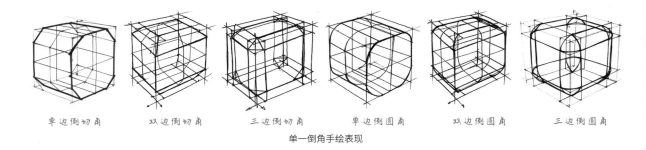

| 单边倒切角 | 双边倒切角 | 三边倒切角 | 单边倒圆角 | 双边倒圆角 | 三边倒圆角 |

单一倒角手绘表现

通过观察可以发现，倒圆角与倒切角的差异在于切削后的连线是圆弧还是直线。在绘制过程中，将切角的直线转换为1/4圆弧即可得到圆角，其原理是相通的。在进行倒角训练时，重点是理解倒角的原理，可以多画一画，熟悉各种倒角的形态，以便在后期造型设计中灵活使用。

复合倒角

复合倒角是指对立方体的各组棱进行不同的倒角组合，在建模时需要分步骤依次生成。其基本规律为先进行大单位的倒角，再进行小单位的倒角。复合倒角的形态多变，可自由组合。

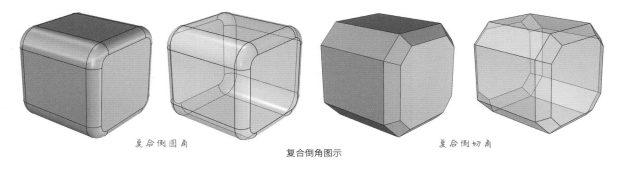

复合倒圆角   复合倒角图示   复合倒切角

读者需重点掌握复合倒圆角的绘制方法，可以参考下图进行绘制，重点掌握绘制原理。

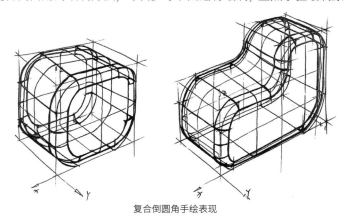

复合倒圆角手绘表现

5.3 体的训练方法

下面介绍几种体的训练方法，以帮助读者快速、高效地掌握体的表现技巧。体的表现具有一定的难度，读者一定要认真学习。

5.3.1 3种透视下的立方体训练

　　下面,将3种透视下的立方体整合绘制在同一张纸上,以便读者观察它们各自的特点并比较它们之间的差异。

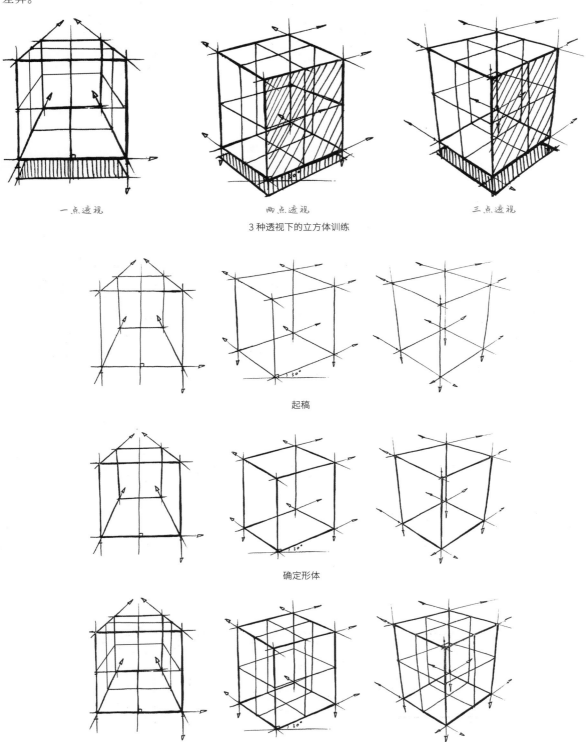

一点透视　　　　　　两点透视　　　　　　三点透视

3种透视下的立方体训练

起稿

确定形体

绘制剖面线

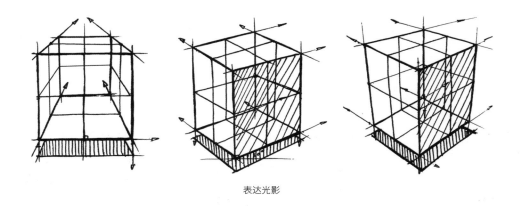

表达光影

5.3.2 3种透视下的圆柱体与圆锥体训练

上节进行了3种透视下的立方体训练，接下来进行圆柱体和圆锥体的训练。在训练时，要先绘制出较为标准的3种透视下的立方体，然后在其内部绘制圆柱体，接着绘制圆锥体。

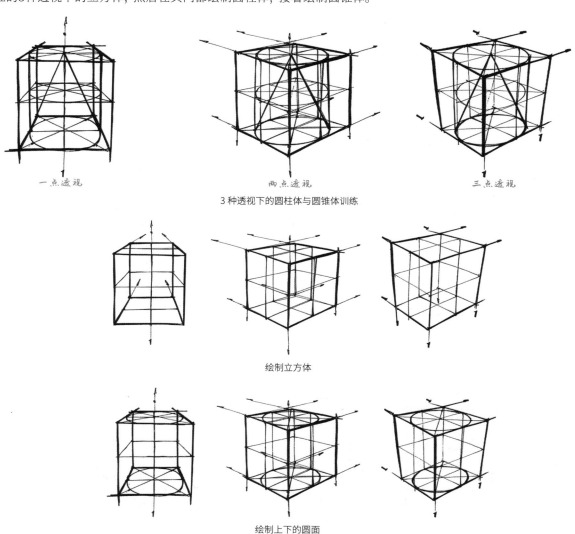

一点透视　　　　　两点透视　　　　　三点透视

3种透视下的圆柱体与圆锥体训练

绘制立方体

绘制上下的圆面

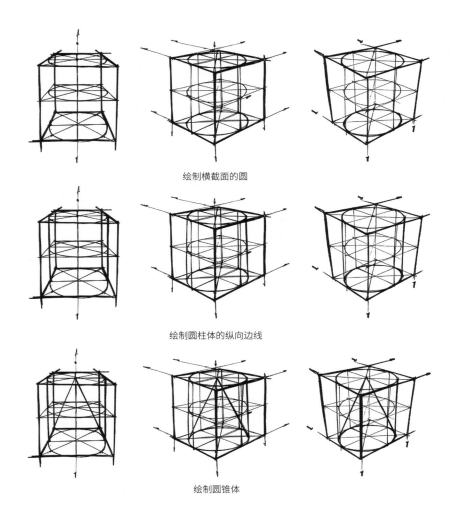

绘制横截面的圆

绘制圆柱体的纵向边线

绘制圆锥体

5.3.3 立方体的加减法训练

在进行产品造型设计时，设计师最常用的手法就是加减法。生活中大多数产品的形态都是由基本形体组合而成的，下面我们就从最简单、最原始的立方体入手进行加减法训练。这样能够夯实基础，学会最简单的产品造型方法——几何造型法。

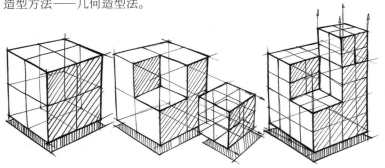

立方体的加减法训练

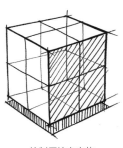

绘制原始立方体

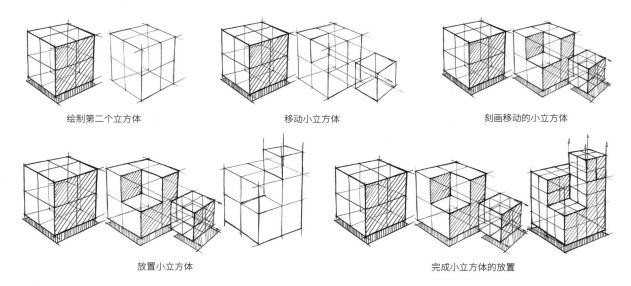

绘制第二个立方体　　　　　　　移动小立方体　　　　　　　刻画移动的小立方体

放置小立方体　　　　　　　　　　　完成小立方体的放置

提示 立方体加减法的基本要领：把立方体想象成一块可以被切割的方形橡皮泥或魔方。先将立方体置于任一透视系统中并绘制在纸面上，从剖面线的位置开始切割，将一个立方体分割为 8 个小立方体，然后取出任意一个小立方体向任意方向平移，最后将取出的小立方体置于其他小立方体上。读者可通过逐渐增加移动的立方体个数进行不同的加减法训练，逐步增加训练难度。

5.4 体与倒角的综合训练方法

　　前面学习了体的表现技巧及倒角的表现技巧，下面讲解更为复杂的综合形体的表现技巧。通过对百变立方体、简单几何体组合和复杂几何体组合进行练习，读者可以进一步加强体块意识和空间意识。在此基础上，读者可初步培养自己在产品造型上的感觉。

5.4.1 百变立方体训练

　　百变立方体训练以立方体为基本形态，对立方体进行一系列处理，包括拉伸、切削、分割、镂空、贯穿、凹凸（加减）和倒角等，改变其原有形态，形成新的组合形态。

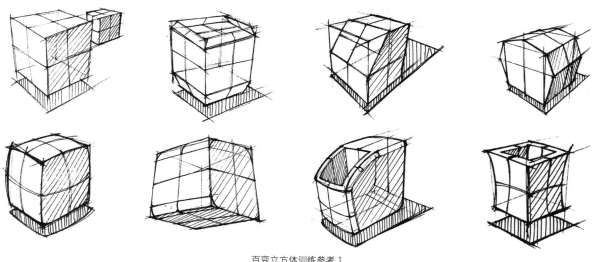

百变立方体训练参考1

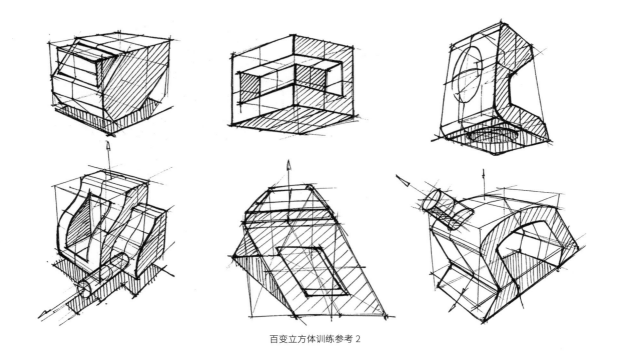

百变立方体训练参考 2

5.4.2 简单几何体组合训练

简单几何体组合训练仍以立方体为原始形体，在其上进行形态附加与删减，从而形成新的几何体。在此过程中，要注意对透视的把握，并且注意剖面线需要沿着新形成的几何体表面进行流动连接，以交代和约束新的形态起伏。

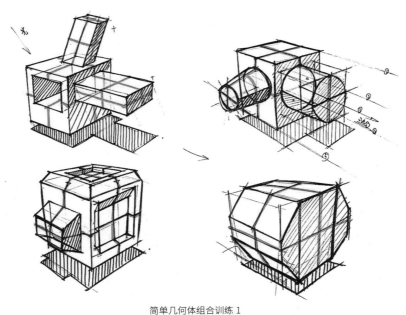

简单几何体组合训练 1

提示 在进行形态附加时，要通过绘制透视线的延长线找准附加形态的位置和比例关系，避免出现歪斜和错位的情况。

随着训练的深入，我们会发现通过对不同的几何体进行变化组合，新形态具备了产品造型。对几何体进行变化组合是从几何体思维向产品造型思维的过渡，属于创造新形态的正向训练。在这一过程中，不仅需要进行几何体的自由组合训练，使形态具备产品造型感，还需要进行逆向训练，将生活中看得见、摸得着的真实产品概括为几何体的组合，并且需要将产品上的细节全部忽略，仅保留组成形体的最原始的几何体。

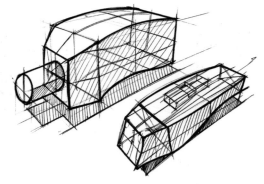

简单几何体组合训练 2

5.4.3 复杂几何体组合训练

接下来进行复杂几何体组合训练，综合应用多种形体组合与倒角构建新形体。下图主要应用了方体和圆柱体的组合，同时结合复合三边倒圆角和倒切角对新形体进行变化组合。

下图主要应用了有机形体、圆柱体和方体的组合，在基本形体的基础上进行加减法，并结合倒圆角对造型进行了进一步的处理。

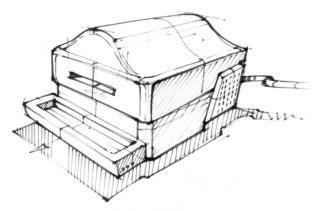

复杂几何体组合训练 1

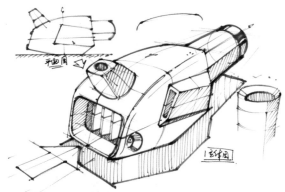

复杂几何体组合训练 2

下图中主要应用了方体、圆台体和半球体的组合，并结合倒圆角和内倒角（切角）对造型进行了进一步的处理。

复杂几何体组合训练 3

5.5 体与倒角的练习

体与倒角联系紧密，接下来讲解体与倒角的实际应用。

5.5.1 方体练习：收音机

下面以一款收音机为例，讲解方体在产品设计手绘中的应用。常见的收音机从外观上看一般为方体，设计时可以在长方体的基础上进行一系列的造型调整、倒角和形态附加，以满足其功能需求。该款收音机在倒角方面主要应用了倒圆角与倒切角、内倒角与外倒角、单一倒角与复合倒角。

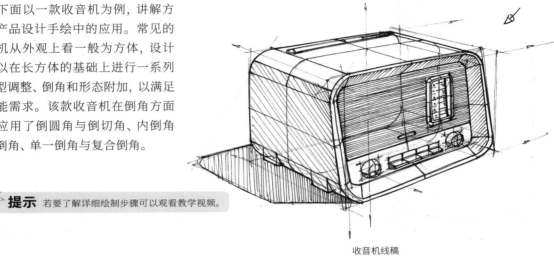

提示 若要了解详细绘制步骤可以观看教学视频。

收音机线稿

起稿

确定形体

增加细节

表达光影

▶ 5.5.2 柱体练习：蓝牙音箱

　　下面以一款蓝牙音箱为例，讲解柱体在产品设计手绘中的应用。常见的便携蓝牙音箱大多为圆柱体，设计时可以在圆柱体的基础上进行一系列的造型调整和形态附加，以满足其功能需求。设计该款蓝牙音箱时，在倒角方面只在顶部做了较小的倒圆角，保持了简约的几何造型风格。

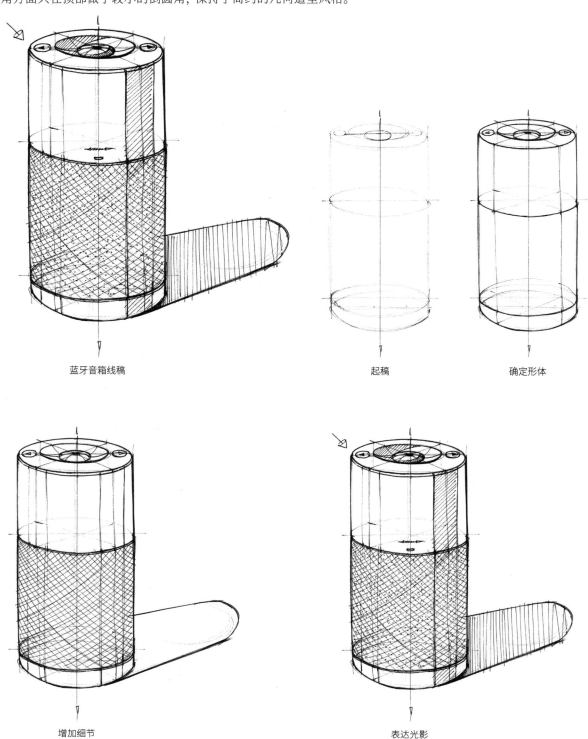

蓝牙音箱线稿　　　　　　　　　　　　　　　　　　起稿　　　　　　　　确定形体

增加细节　　　　　　　　　　　　　　　　表达光影

5.5.3 锥体练习：小夜灯

　　下面以一款小夜灯为例，讲解锥体在产品设计手绘中的应用。可以看到，该款小夜灯是在圆锥体的基础上进行了一定的造型调整。设计该款小夜灯时，只在分型线处做了较小的倒圆角，保持了简约的几何造型风格。

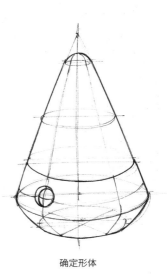

起稿

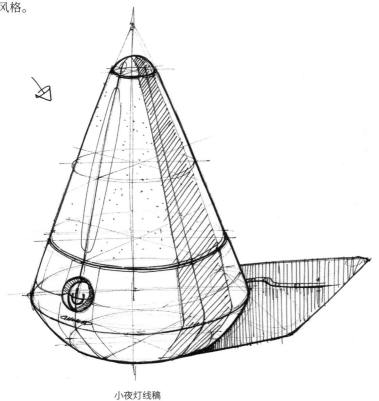

小夜灯线稿

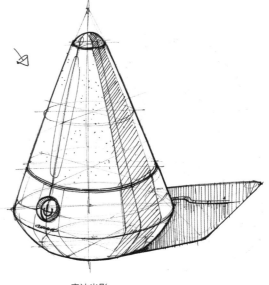

确定形体

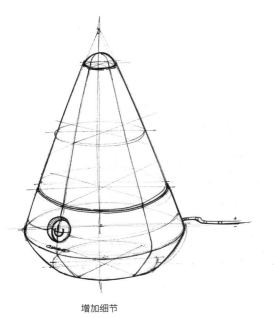

增加细节

表达光影

5.5.4 球体练习：摄像头

　　下面以一款摄像头为例，讲解球体在产品设计手绘中的应用。摄像头需进行各个角度的拍摄，因此设计时充分利用了球体的可滚动特性。该款摄像头在倒角方面主要应用了倒圆角和倒切角。

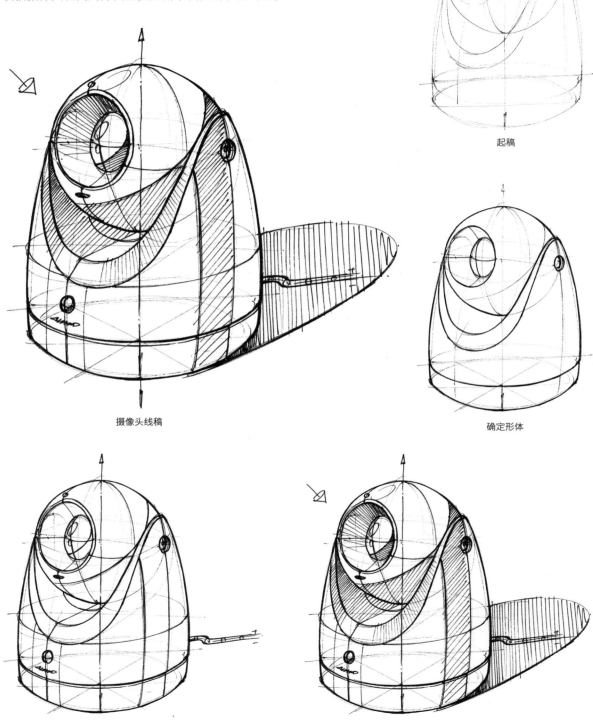

起稿

摄像头线稿

确定形体

增加细节

表达光影

▶ 5.5.5 组合形体练习：手持电钻

　　下面以一款手持电钻为例，讲解组合形体在产品设计手绘中的应用。该款电钻由圆锥体、圆台体、圆柱体和方体组合构成，其中涉及两个圆柱体的穿插和圆柱体与方体的衔接。该款手持电钻在倒角方面主要应用了倒切角、内倒角（圆角）和复合倒圆角。

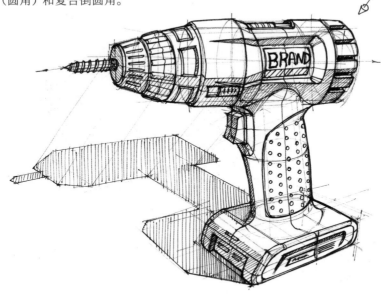

手持电钻线稿

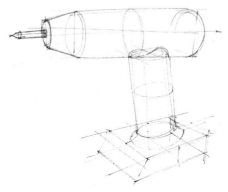

起稿

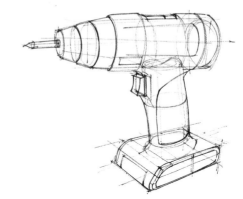

确定形体

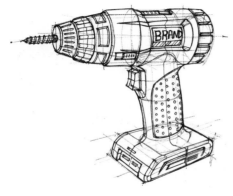

增加细节

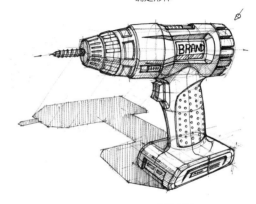

表达光影

5.5.6 有机形体练习：理发器

　　下面以一款理发器为例，讲解有机形体在产品设计手绘中的应用。理发器是典型的手持类设备，设计时需考虑操作时手的舒适度，因此其设计成了曲线造型，即有机形体。有机形体经常会搭配渐消面应用，表现产品高品质、高效率、强劲有力或线条优美的特质。该款理发器在倒角方面主要应用了倒圆角和内倒角（切角）。

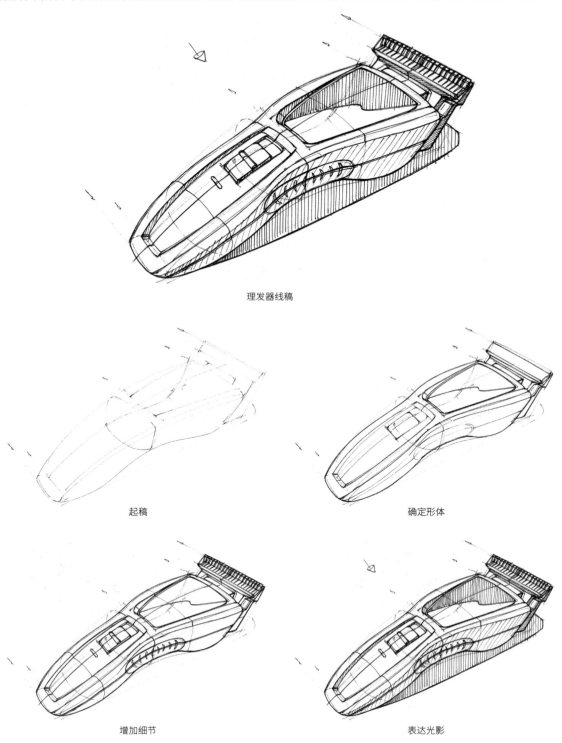

理发器线稿

起稿　　　　　　　　　　　　　　　确定形体

增加细节　　　　　　　　　　　　　表达光影

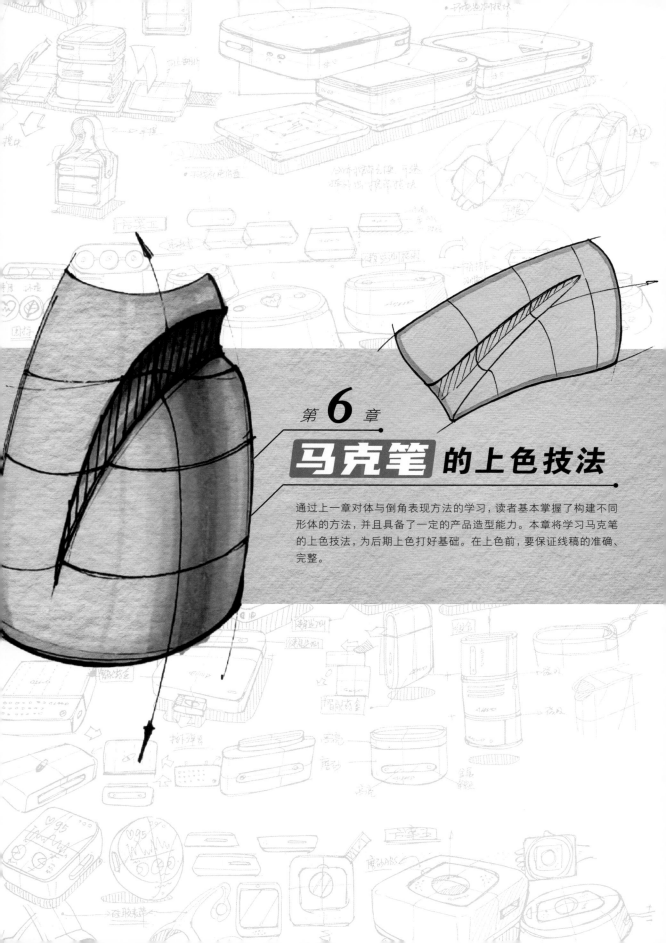

第 **6** 章

马克笔 的上色技法

通过上一章对体与倒角表现方法的学习，读者基本掌握了构建不同
形体的方法，并且具备了一定的产品造型能力。本章将学习马克笔
的上色技法，为后期上色打好基础。在上色前，要保证线稿的准确、
完整。

6.1 马克笔的基本用法

马克笔是一种使用方便、成本较低的上色工具，具有颜色通透、不易变色、笔法多变等优点，是设计师进行手绘上色的主要工具。使用马克笔有一定的技巧，接下来具体介绍马克笔的基本用法。

6.1.1 颜色介绍

通过观察可以发现，有些马克笔笔盖的颜色与实际绘制出的颜色存在色差。因此需要制作色卡，避免在绘画过程中反复试色或出现上错色的情况。

法卡勒一代马克笔　　　　　　　　　　　马克笔补充墨水

以下是法卡勒一代马克笔的常用颜色，供读者参考。

色系	颜色
黄色系	Y225 / Y226 / Y5
橙色系	YR157 / YR177 / YR178 / YR156 / YR160
红色系	R137 / R140 / R146 / R215
棕色系	E246 / E247 / E180 / E20 / E164 / E165 / E166
黄绿色系	YG24 / YG26 / YG27 / YG30 / YG37
草绿色系	G46 / G48 / G50
青色系	BG68 / BG69 / BG70 / BG71
天蓝色系	B234 / B236 / B238
深蓝色系	B241 / B242 / B243
紫色系	BV192 / BV197 / BV195 / BV193
粉色系	RV211 / RV212 / RV202
肤色系	173 / 218
冷灰色系	CG269 / CG270 / CG271 / CG272 / CG273 / CG274
暖灰色系	YG260 / YG262 / YG263 / YG264 / YG265 / YG266
黑色	191

法卡勒一代的常用马克笔颜色

6.1.2 笔头介绍

马克笔按笔头可分为单头和双头，我们一般选择双头的马克笔进行上色。双头马克笔一端为细圆头笔尖（细头），一端为扁方楔形笔尖（宽头）。细头也叫圆头，宽度在1mm左右，可用来勾线，也可用来上色，多用于小面积填色和细节刻画。宽头也叫斜方头，宽度为2~6mm，一般用于大面积填色和层层晕染过渡，使用其侧峰可绘制出纤细的线条。

马克笔的两种笔头

细头的使用方法与普通笔并无太大差异。宽头作为一种比较特殊的笔尖，在绘制时需要注意使笔头的斜面与纸面平行对齐，避免产生参差不齐、断断续续的笔触。在使用马克笔上色时，用较轻的力度即可。另外，运笔速度也是影响上色效果的因素，绘制同一长度的线条时，运笔速度越快，笔尖与纸面接触的时间越短，出水越少，越容易出现填色不饱满的情况；运笔速度越慢，笔尖与纸面接触的时间越长，出水越多，越容易出现颜色晕染和淤积的情况。

宽头呈斜方形，材质为硬质纤维，利用笔头的不同位置可以绘制出4种不同粗细的线条。通过调整握笔角度，还可以绘制出一些更细的笔触。

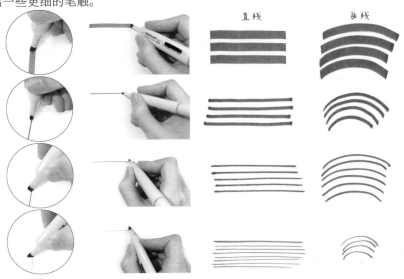

使用马克笔宽头绘制不同粗细的线条

马克笔作为一种专业的上色工具，其宽头的作用尤为突出。掌握马克笔宽头的使用方法，有助于读者绘制出自己想要的线条和色块。

6.1.3 笔法使用

马克笔宽头的基本笔法包括摆、扫、点3种。摆即摆笔触，使用该笔法要求力度均匀地平移笔尖进行绘制；扫即扫笔触，使用该笔法绘制的线条类似于线条训练中的一头重、一头轻的线，使用该笔法要求由一端出发向后快速抬笔进行绘制；点即点笔触，此处的点不同于传统意义上的小圆点，它强调的是由宽头绘制出的方形点状笔触。

- **摆笔触**

在进行摆笔触练习时，笔尖斜面与纸面平齐，笔杆与纸面成45°角，水平方向运笔。需注意头尾处不要顿笔，避免两端的颜色堆积，产生深浅不一的效果。读者需要掌握轻落笔、快抬笔的技法，从而绘制出颜色均匀的线条效果。

摆笔触绘制

- **扫笔触**

在进行扫笔触练习时，笔尖斜面与纸面平齐，笔杆与纸面成45°角，水平方向运笔。同样需注意落笔要轻，避免头部颜色堆积。扫笔触的运笔速度稍快，可在尾部拖扫出颜色逐渐减淡的线条。通过控制后端抬笔的位置，可绘制出不同长度的线条。

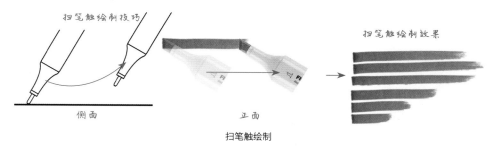

扫笔触绘制

- **点笔触**

在进行点笔触练习时，需注意宽头点出的笔触为四边形，且笔触的边缘清晰。

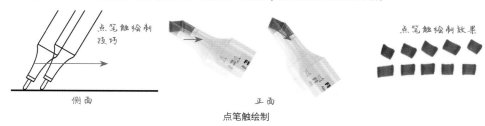

点笔触绘制

6.2 马克笔的上色技巧

前面学习了马克笔的基本用法，接下来学习马克笔的上色技巧。本节主要讲解叠色法、干画法和湿画法的技巧。

6.2.1 叠色法

这里选择法卡勒马克笔。它是一种酒精性马克笔，渗透力比较强，具有可叠加的特性。使用时，随着叠加次数的增多，颜色会逐渐变深。下图是使用同一支马克笔叠加不同次数后的效果。当叠加次数超过三次时，容易出现浮色和过度晕染的现象，因此需避免进行过多次数的叠加。当然，可叠加的次数也与纸张的厚度和质量有关系。一般来说，纸张越薄，可叠加的次数越少；纸张越厚，可叠加的次数越多。

用同一支马克笔叠加不同次数的效果

马克笔绘制颜色的深浅与颜料进入纸张纤维的多少有关，纤维间隙中的颜料越多越饱和，绘制的颜色就越深。一般来说，绘制第一次后，颜料在纸张纤维中的饱和度大约为50%；第一次叠加后，颜料饱和度大约为70%；第二次叠加后，颜料饱和度大约为90%；第三次叠加后，颜料基本上会100%浸透纸张，达到极限。此变化可以通过纸张反面观察到。

约 50%　　　　　约 70%　　　　　约 90%　　　　　约 100%

纸张反面渗透效果

使用同一色号进行不同次数的叠加，可以产生该颜色不同深浅的效果。如果叠加三次后颜色还是达不到要求的深度，就需要更换色号了。

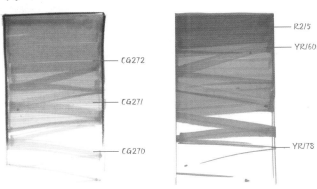

不同色号叠加过渡

> **提示** 在进行不同色号叠加时，需注意先上浅色，然后上深色，让颜色的过渡更自然。如果先上深色，然后上浅色，则可能会导致浮色和晕染过度等情况出现，从而破坏笔触效果和整体上色效果。

6.2.2 干画法

干画法可以理解为较干脆的画法，每次笔触叠加时间间隔3~5秒，即等酒精挥发、水分干透后进行叠加，其颜色跨度较大，属于跳跃式过渡。下图使用的是色号为CG270、CG271、CG272的冷灰色，根据先浅后深的基本规律逐步进行叠色的。

干画法的特点为笔触干脆明显，颜色对比强烈，色号跨度大，适合表现高亮光滑的镜面反射材质的产品。另外，干画法上色速度快，很适合用于绘制前期说明性草图。

干画法效果

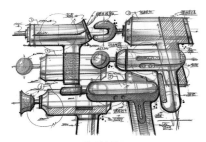

说明性草图

> **提示** 在使用干画法时，待一种颜色干透后再进行更深色的叠加，这样能让颜料固定在纸张纤维中，不易发生二次晕染扩散。在叠加过程中，笔触由粗到细，通过切换运笔角度绘制出"之"字线。注意"之"字线的角度不宜过大，一般为15°~30°。

6.2.3 湿画法

湿画法绘制用的墨水更多，水分更足，需要在画面湿润时进行颜色的叠加和晕染。用湿画法绘制的线条颜色过渡更加柔和自然，属于渐变式过渡。下图使用的是色号为CG270、CG271、CG272的冷灰色，根据先浅后深的基本规律逐步进行叠色的。

湿画法的特点为笔触相对柔和，运笔较慢，层层晕染，色号跨度小，适合表现粗糙的漫反射材质的产品。干画法和湿画法各具特色，可以表现不同材质的产品，我们需要掌握并结合使用，以获得更佳的表现效果。

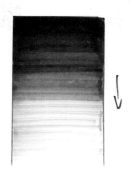

湿画法效果

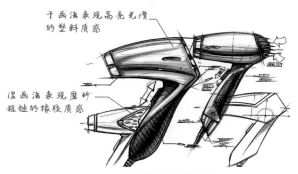

干画法结合湿画法应用

> **提示** 在使用湿画法时，先画浅色，然后叠加深色，趁颜料还未干时用中间色过渡。使用湿画法需对颜色进行调和，使不同的颜色过渡更加自然。

在绘制效果图时，需要根据产品部件的不同质感来选择使用干画法还是湿画法。在临摹阶段，需要对临摹对象进行分析，思考"设计师使用了什么表现方法""使用的原因是什么""这样表达带来的好处有哪些"等一系列问题，这样才能实现有效的学习。

6.3 笔触的训练方法

前面学习了马克笔的基本用法和上色技巧，接下来学习笔触的训练方法。在进行笔触训练时，需结合干画法和湿画法来完成灰色系和彩色系的渐变填充。由于在绘制效果图时会用到各个方向的笔触，因此在训练时也需要兼顾各个方向，包括纵向、横向和斜向，可以自上而下过渡，也可以自下而上过渡，还可以由中间向两边过渡等。笔触的深浅代表色彩的虚实关系，浅色代表虚，深色代表实。

马克笔笔触的训练

下面进行干画法和湿画法的训练示范。

颜色：CG270　　　CG271　　　CG272

01 **绘制边框。**使用针管笔绘制两个边框，下方不用封闭。下图中左侧使用干画法绘制，右侧使用湿画法绘制。

绘制边框

> **提示** 笔触的起止点尽量与边框两侧对齐，如果出现空隙可用扫笔触的方法填充。

02 **干画法初步铺色。**使用CG270　　　进行铺色，先用摆笔触的方法绘制上面，然后用画"之"字的方法绘制下面。自上而下从粗到细的变化代表颜色逐渐变浅，是一种概括的画法。

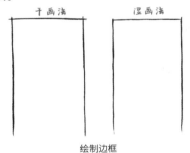

笔触的起止点尽量与边框两侧对齐

绘制"之"字

干画法初步铺色

03 **干画法第一次叠色。**使用CG271　　　进行颜色的叠加，上半部分用摆笔触的方法铺色，下半部分用画"之"字的方法过渡。

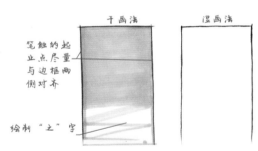

在底色的2/3处停止叠色，并用画"之"字的方法过渡

最后一条"之"字线为射线，末端的点代表一种延伸方法

干画法第一次叠色

04 **干画法第二次叠色。**使用CG272　　　通过摆笔触的方法加重顶部，在第二次画的灰色部分的1/2处衔接"之"字线。至此，完成干画法笔触训练。

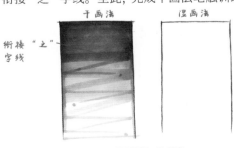

衔接"之"字线

干画法第二次叠色

05 **湿画法初步铺色。**使用CG270▨▨▨进行第一遍从头至尾的铺色。

06 **湿画法第一次叠色。**趁着水分未干，使用CG271▨▨▨进行第一遍颜色的叠加。在两层颜色的交界处使用CG270▨▨▨进行衔接，形成自然的过渡。

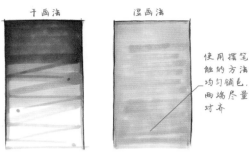

使用摆笔触的方法均匀铺色，两端尽量对齐

湿画法初步铺色

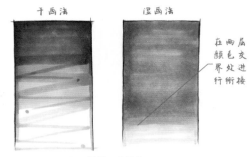

在两层颜色交界处进行衔接

湿画法第一次叠色

提示 可使用摆笔触的方法进行水平铺色，也可来回运笔均匀着色，力求上色均匀自然，避免出现水痕。

提示 使用CG271▨▨▨进行第一次叠加后，笔触之间会产生明显的分界线，为了达到自然过渡的效果，我们可以使用CG270▨▨▨在水分未干时进行二次晕染。这里使用的是冷灰色系进行演示，在使用其他色系时，以色系中稍浅的颜色对边界处进行二次晕染即可。

07 **湿画法第二次叠色。**趁着水分未干，使用CG272▨▨▨进行第二遍颜色的叠加，并在上一遍铺色2/3处停止。在两层颜色的交界处使用CG271▨▨▨进行衔接，形成自然的过渡效果。

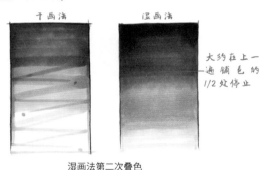

大约在上一遍铺色的1/2处停止

湿画法第二次叠色

我们可以根据以上所学内容来制作干画法和湿画法的渐变色卡。这种渐变色卡对于后期绘制很有帮助，能够有效提升上色的准确率和效率。

干画法和湿画法渐变色卡制作 1

干画法和湿画法渐变色卡制作 2

6.4 上色练习

前面学习了马克笔的上色技巧和笔触的训练方法，知道了如何绘制渐变效果，接下来学习如何应用前面学到的知识进行上色。

6.4.1 平面练习

在绘制明暗均匀的平面时，可以先用马克笔宽头初步铺色，然后按照一定顺序进行叠色，将颜色均匀填充至平面内。在边框一定程度上倾斜时，需要使马克笔宽头的斜面与边框平行，找到合适的运笔方向。一般用向外推着绘制的方法，这样能够时刻观察笔头，有利于保证收尾处与边框齐平。

在绘制明暗渐变的平面时，要先确定光源方向，距离光源越近，颜色越浅。为了更好地表现颜色的过渡，我们可以使用干画法和湿画法结合的方法。

提示 可以观看教学视频了解详细绘制步骤。

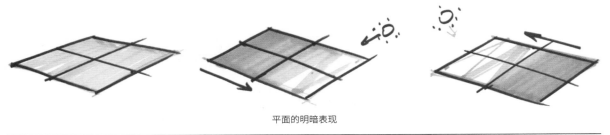

平面的明暗表现

颜色：CG270　CG271　CG272

绘制线稿

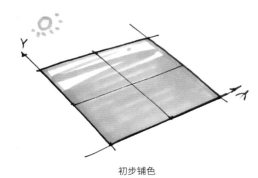

初步铺色

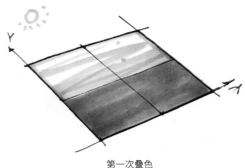

第一次叠色

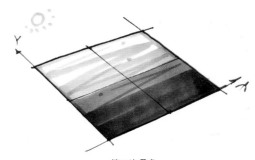

第二次叠色

▶ 6.4.2 曲面练习

在绘制曲面时，需要先确定光源。在绘制过程中，需遵循先浅后深的原则。先使用摆笔触的方法铺色，区分出曲面的受光部分和背光部分，注意高光区域留白，然后使用较深的颜色加重暗部，接着找到曲面鼓起来的位置，确定明暗交界线，用更深一点的颜色进行强调，最后使用较浅的颜色进行色块间的衔接，以实现曲面光影的平滑过渡。注意，在用更深的颜色强调暗部时，需留出底部反光位置。

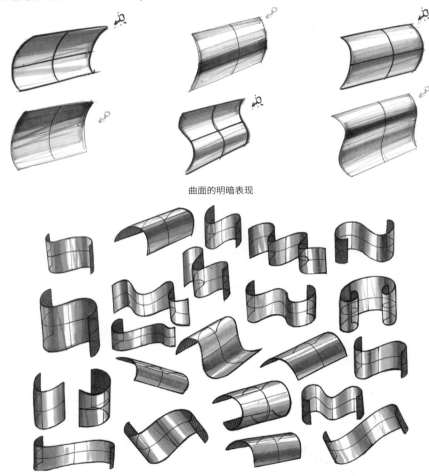

曲面的明暗表现

其他曲面的明暗表现

颜色：CG270　　　CG271　　　CG272

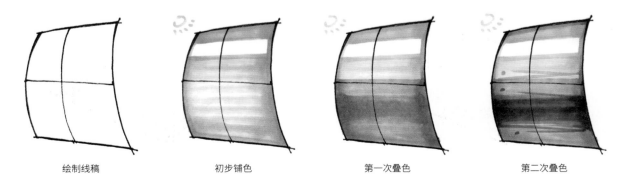

绘制线稿　　　　　　　初步铺色　　　　　　　第一次叠色　　　　　　　第二次叠色

6.4.3 凹凸面练习

在绘制凹凸面时，重点是理解面因凹凸而产生的明暗变化。在绘制过程中，可通过切换不同色号的马克笔来表现面的起伏关系。

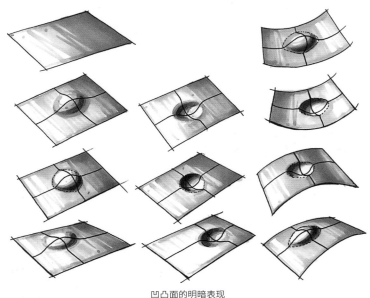

凹凸面的明暗表现

只有正确表达光影，才能让人准确判断面中圆形的凸凹形态。

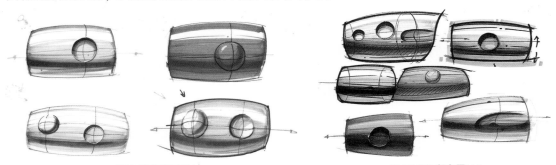

凹凸面平面视角图示 1   凹凸面平面视角图示 2

颜色：CG270   CG271   CG272

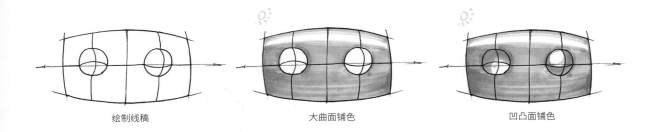

绘制线稿   大曲面铺色   凹凸面铺色

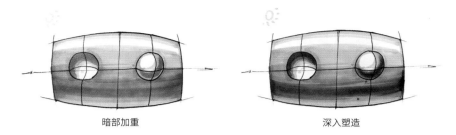

暗部加重　　　　　　　　　　　　　　　深入塑造

提示 在进行整体铺色时，要沿着物体的结构方向运笔，中间部分的笔触为水平方向，在物体向上或向下鼓起处，笔触要根据形态的起伏而调整。在刻画凹凸球面时，要注意内部的自然过渡，塑造一种平滑圆润的曲面形态，受光区域可进行留白处理。

6.4.4 渐消面练习

在绘制渐消面时，可以用同色系的不同色号进行表现。先确定光源的方向，区分渐消面的受光与背光部分，即亮部和暗部，然后通过上色做出渐变效果，最后在出现起伏的地方进行细致的光影刻画。对于因渐消面起伏而产生的遮挡关系，在右下部加重强调即可。

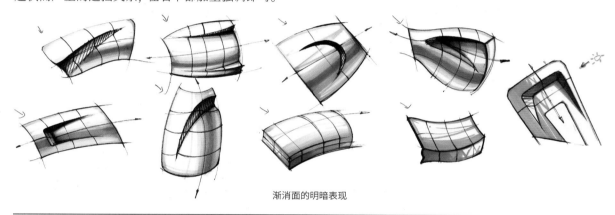

渐消面的明暗表现

颜色：CG270　CG271　CG272

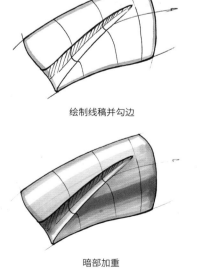

绘制线稿并勾边　　　　　　　　　　　　　初步铺色

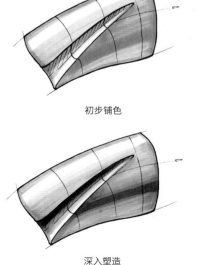

暗部加重　　　　　　　　　　　　　　　深入塑造

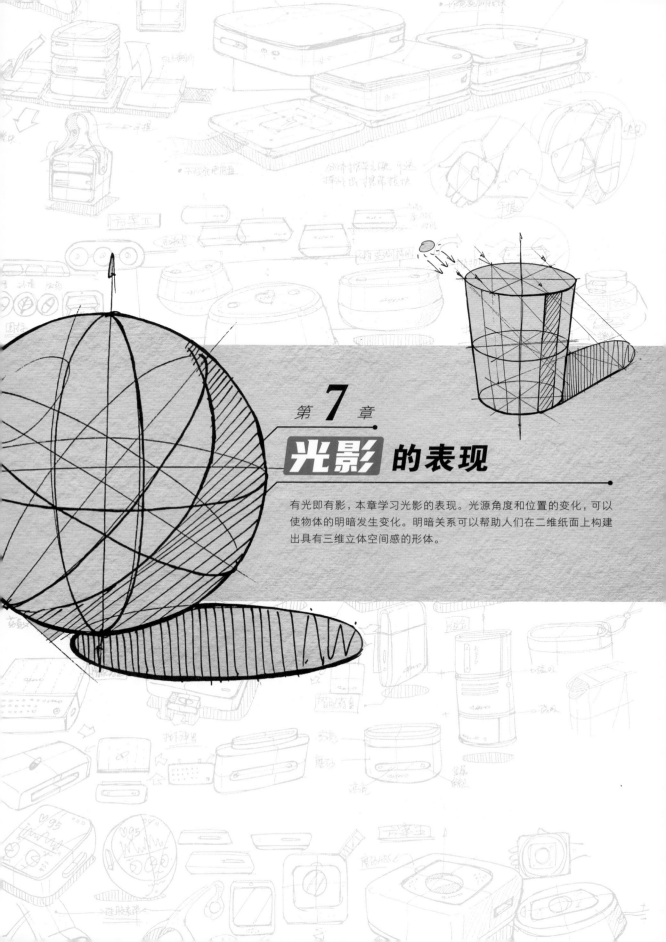

第 7 章
光影 的表现

有光即有影，本章学习光影的表现。光源角度和位置的变化，可以使物体的明暗发生变化。明暗关系可以帮助人们在二维纸面上构建出具有三维立体空间感的形体。

7.1 光源

光源通常指能够发出可见光的发光体，太阳、灯泡、日光灯管、燃烧着的蜡烛、手电筒和影棚灯都是常见的光源。受人眼的生理构造所限，人必须借助光才能看到世界万物。光沿直线传播，照射到物体表面时会产生不同程度的反射，反射的光进入人眼，在视网膜上产生映象，最后由大脑进行处理、合成，我们才能看到物体。

生活中的各种光源

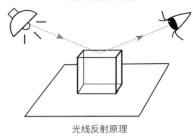

光线反射原理

7.1.1 光源的作用

为什么要建立光源？光源有什么作用？下面通过两个例子加以说明。在美术专业的素描绘画课上，我们通过对摆放好的静物进行写生来训练明暗关系的表达。素描绘画中的光源多为单一的点光源，如在静物台一侧放置一盏台灯，台灯发出的光就能使摆放的静物产生明暗变化。

在影棚中拍摄时需要打光，此时光源除了影棚灯，还有相机的闪光灯。这些光源构成了较为复杂的多光源系统，但它们是有主次之分的。因此在实际棚拍过程中，摄影师需要根据具体要求和情况进行多光源的架设，灵活处理拍摄对象的明暗关系。

素描绘画静物台单光源设置

影棚多光源布光设置

通过以上两个例子，我们发现使用单一光源来统一物体的明暗关系，更有利于进行绘画表现。

7.1.2 光源的分类

　　根据来源的不同，我们可将光源分为自然光源和人工光源。自然光源为自然界存在的发光体，如太阳；人工光源为人造的发光体，如灯和燃烧着的蜡烛等。

自然光源　　　　　　　　　　　　　　　　　　　　人工光源

　　根据光源属性的不同，可将光源分为点光源和面光源。点光源即通过一个点向外发射光线，光线呈放射状，因此又叫放射光源（如太阳、燃烧着的蜡烛等）。面光源即通过一个平面平行发射光线，光线近乎平行，因此又叫平行光源（如天光等）。

点光源（放射光源）　　　　　　　　　　　　　面光源（平行光源）

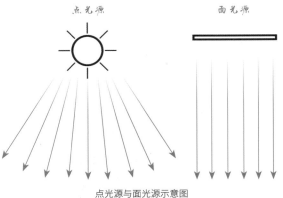

点光源与面光源示意图

　　根据数量不同，我们可将光源分为单光源和多光源。

单光源　　　　　　　　　　　多光源

根据光照角度的不同，我们可将光源分为30°、45°、60°光源（又叫作侧光）和90°光源（又叫作垂直光源或顶光）等。

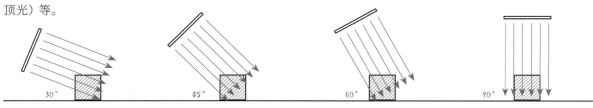

不同角度的光源

根据光线冷暖的不同，我们可将光源分为冷光源、暖光源和中性光源。冷光源发出的光为偏冷色调的蓝紫色光，暖光源发出的光为偏暖色调的红黄色光，中性光源发出的光为没有冷暖倾向的白光。

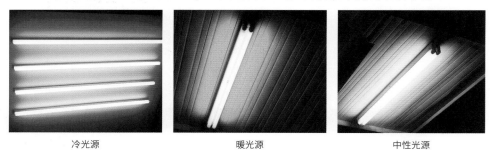

冷光源　　　　　　　　　　暖光源　　　　　　　　　　中性光源

光源的来源、属性、数量、角度和冷暖的不同直接导致被照射的物体产生的明暗变化不同，进而影响整体的光影氛围。因此在表现画面时，需要先确定光源的种类和性质。

一般来说，在进行产品设计手绘的明暗关系表达时，我们会选择左上方或右上方单一45°平行中性光源作为主要光源。此光源属于侧光，能更好地表现物体的立体感和空间感，且更容易被理解。

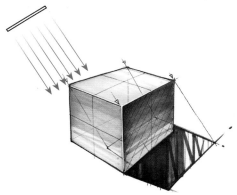

左上方单一45°平行中性光源

提示 在架设光源时，应避免顺光和逆光，即物体全部处于亮光和全部处于暗影中的情况，这两种光影均很难表现出物体的立体感。也就是说，我们要尽量选择侧光。

顺光　　　　　　　　　　逆光　　　　　　　　　　侧光

7.2 光影的明暗关系

在产品设计手绘中，明暗关系的表达是非常重要的一环，也是表现物体空间层次感的重要手法。

7.2.1 明暗关系解析

明暗关系也叫作素描关系或黑白灰关系，指的是画面中黑色、白色与不同色阶的灰色的比例和位置关系。明暗关系包含光影关系，光影与物体固有色共同影响整体的明暗关系。素描绘画可以分为光影素描和结构素描。光影素描是对物体所处的复杂的光影环境进行整体表现。而结构素描则是舍弃光影，通过控制线条颜色的深浅来表现结构，塑造物体的立体感。产品设计手绘线稿其实是由结构素描演变而来的，其注重结构形态的分析绘制，通过区分线条的属性关系和应用排线进行暗部光影的概括，使线稿具有初步的立体感。

在线稿阶段进行光影概括对后期上色具有重要的指导作用，有助于准确表达物体的明暗关系。因此绘图前就要在大脑中架设好光源，始终采用统一的光源对明暗关系进行区分。处理好明暗关系可以增强画面的表现力，增强产品的空间立体感。

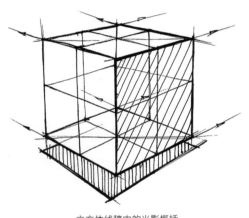

立方体线稿中的光影概括

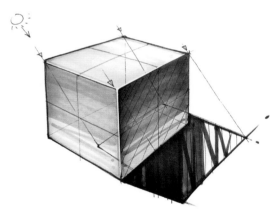

立方体明暗的表达

光影的表达建立在结构准确的基础上，光影依附于形体，同时服务于形体，利用光影能够更好地丰富形体。遵循这一原则，能有效避免形不附体、光影混乱和立体感不强等问题。

在外观结构相同的前提下，影响物体明暗关系的因素主要有4个，即固有色、光源、空间透视和环境光。固有色即物体本身的颜色，物体本身的颜色重，光影整体就偏重，反之则浅。光源包含大小、强弱、远近、高低等细分因素，光源越大、越强、越近、越低，明暗对比越强，反之，明暗对比越弱。空间透视具体表现为近实远虚，距离越近，对比越强，反之越弱。环境光是周围环境或物体反射光线对物体造成的补光，也叫作反光。环境光对物体明暗关系的影响主要体现在光滑的高反射材质上，如金属和塑料等。环境光越亮，给物体的补光就越多，就会使物体显得越亮，反之越暗。当周围环境或物体为彩色时，就会将彩色反射到物体上。

固有色对明暗关系的影响

光源对明暗关系的影响（光线较暗）

光源对明暗关系的影响（光线较亮）

环境光对明暗关系的影响

空间透视对明暗关系的影响

在进行产品设计手绘时，除了可以自行设置光源，还可以将产品形体的明暗概括为三大面和五调子。三大面和五调子是西方绘画体系中素描教学所用的专业术语，指物体受光源的影响，在自身不同区域所体现的明暗变化规律。

7.2.2 三大面与五调子

明暗关系中的三大面即亮面、灰面和暗面。我们以立方体和球体为例来分析其明暗关系，以期达到举一反三的效果。

亮面为物体的受光面，受到光线的直射，是受光较多、较亮的部分，属于黑白灰关系中的白。灰面为物体亮面向暗面过渡的区域，属于黑白灰关系中的灰。暗面为物体的背光面，是受光较少的部分，属于黑白灰关系中的黑。分析明暗关系时，只有区分出亮、灰、暗三大面，才能够建立起黑白画面中基本的黑。

立方体三大面

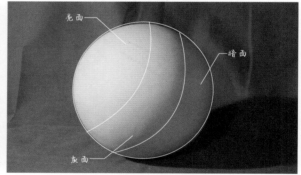

球体三大面

提示 在产品设计手绘中，安排产品的三大面时可以将产品的主要功能面作为亮面或灰面，避免将功能面隐没于暗面中，造成表达模糊，给观者带来困扰。另外还要注意，灰面区域最能展示形体的固有色，而亮面和暗面区域分别对固有色进行了提亮和加重。灰面空间位置相对靠前，根据前实后虚的透视原理，灰面区域内的形体更加细致具体，可用来展示主要功能面。在设置三大面时，需要综合考虑实际需求和展示效果。

三大面又可以细分为五调子，具体包括高光、亮灰部、明暗交界线、反光和投影。

高光：亮面的一部分，是物体受光部分最多的区域，表现的是物体直接反射光源的部分，多见于质感比较光滑的物体，质感粗糙的物体高光反射不太明显。

亮灰部：属于灰面，是亮部与明暗交界线之间的过渡区域。

明暗交界线：暗面的一部分，是区分物体亮部与暗部的区域，一般为物体的结构转折处。（明暗交界线不是具体的一条线，它的形状、明暗、虚实会随物体结构转折而发生变化。）

反光：暗面的一部分，是物体的背光部分受其他物体或物体所处环境的反射光影响的区域。

投影：暗面的一部分，是物体本身遮挡光线后在空间中产生的阴影。

形体中只要出现面的转折就会发生明暗变化，不同形体上的高光和明暗交界线的变化会有所不同。在高光方面，立方体的高光位置为面的转折处，即转折棱线的上方，其高光形成一条明亮的"线"；而球体的高光会受光源影响形成一个椭圆形向外扩散的"白点"。在明暗交界线方面，当面与面转折成明确角度时，如在立方体中，明暗交界线为由亮面向暗面转折的"线"。亮面转到灰面、灰面转到暗面处均有明暗交界线，只是明暗程度有所不同，请读者注意区分。球体的明暗交界线不再是一条"线"，而是一个两头尖、中间粗的圆面区域，向亮面和暗面柔和过渡。

立方体五调子

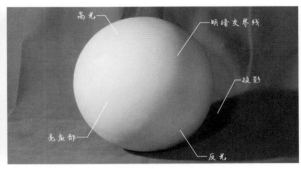
球体五调子

提示 特殊形体、特殊材质的物体受光源影响不会发生明确的三大面、五调子的变化，如液体、玻璃和金属等。读者观察和进行表现时应区别对待。

7.2.3 虚实关系

空间透视规律中的近实远虚同样适用于明暗关系。物体的一部分距离眼睛越近，我们观察到的细节越清晰、丰富，明暗对比越强；物体的一部分距离眼睛越远，我们观察到的细节越模糊，明暗对比越弱。这样，就产生了强烈的空间感和立体感。

立方体虚实

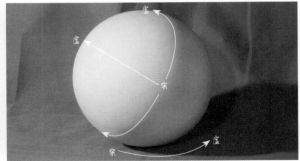
球体虚实

通过观察几何体可以发现，立方体距离我们最近的顶点最实，因此从顶点出发向后、向下进行虚化。球体离我们最近的鼓起部分最实，因此绘制时从鼓起部分向四周进行虚化。同时，还要注意物体的投影同样具备前实后虚的变化规律。

7.3 明暗交界线的表达

明暗交界线是产品设计手绘中凸显立体感的重要明暗要素,因此需要重点学习寻找不同形体明暗交界线的方法。

右图设定的是左上方45°平行光源。通过观察可以发现,形体的明暗交界线往往不止一条,我们将其划分为主明暗交界线和次明暗交界线。主明暗交界线为物体上由亮面向暗面转折产生的交界线,其颜色层次为最深,是物体上明暗对比相对强烈的部分。次明暗交界线为物体上由灰面向暗面或由亮面向灰面转折产生的交界线,其颜色层次为次深。同时,还要注意当物体被放置在平面上时,明暗交界线的结束位置就是投影开始的位置。

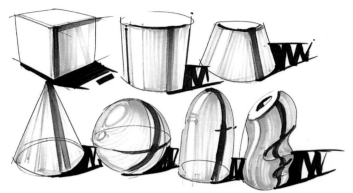

不同形体的明暗交界线

立方体的明暗交界线中有两条较重的线和一条较轻的线,从前往后呈现由实到虚的变化,因此明暗交界线的明暗关系呈现由深到浅的变化。这是由于距离我们最近的顶点对比度最高,虚实关系最实。注意,方正形体的明暗交界线特征都可以立方体为基础进行延伸。

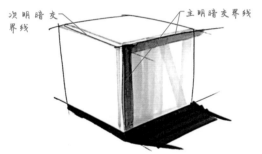

立方体的主次明暗交界线

立方体明暗交界线的虚实

圆柱体的明暗交界线有3条。第一条为顶部圆面与立面转折产生的"线",最实且最重,从前端距离我们最近的点向两侧变虚,为主明暗交界线。第二条为立面背光区域内的一个曲面区域,有一定的宽度,自上而下由实转虚,向前平缓过渡至亮面,向后平缓过渡至暗面,为主明暗交界线。第三条位于立面左侧由亮部向后面的灰部过渡的地方,为次明暗交界线。

简单来说,圆柱体立面的主明暗交界线的位置可以概括为右侧1/3处,与之对应的高光区域则在左侧的1/3处。此种方法最易于表现立体感。

圆柱体的主次明暗交界线

圆柱体明暗交界线的虚实

圆台体的立面明暗交界线因结构而倾斜，而圆锥体的明暗交界线为自上而下、由实转虚（由重到轻）的一个射线区域。两者的高光都位于左侧受光面的1/3处，明暗交界线的虚实关系均为由上而下、由实转虚。

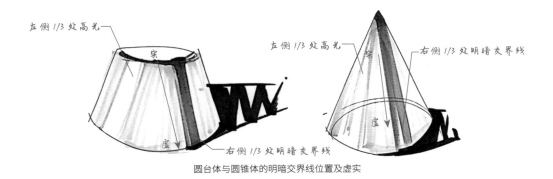

圆台体与圆锥体的明暗交界线位置及虚实

　　球体的明暗交界线可理解为两条明暗交界线的融合，呈现出两头尖、中间粗的月牙形，一条为从左到右转折产生的明暗交界线，另一条为从上到下转折产生的明暗交界线。明暗交界线的弧度应顺着球体结构，给人一种"包裹感"，虚实关系由距离最近的最实处向四周逐渐转虚。圆润物体的明暗关系都可以球体为参照。

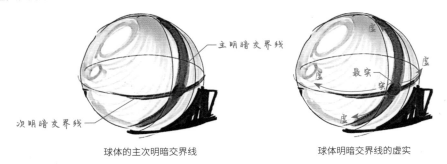

球体的主次明暗交界线　　　　　　　　球体明暗交界线的虚实

　　在寻找曲面组合形体的明暗交界线时，需将不同形体的明暗交界线相结合，形成完整的明暗交界线。曲面形体的明暗交界线随曲面流动方向发生曲度变化，会形成新的、起伏的明暗交界线。下图中右侧物体的曲面由于向内凹陷，因此背光区域在曲面的上部，新的明暗交界线出现在曲面的上沿，新的次亮高光出现在曲面的下沿。

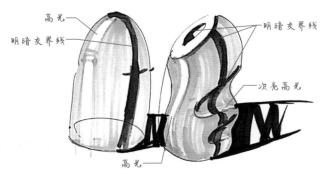

组合曲面形体的高光及明暗交界线位置

　　提示 这里针对如何寻找不同形体明暗交界线的方法总结一个容易记忆的规律：当面的转折成一定角度时，明暗交界线为一条棱处远离光源的"线"；当面的转折为柔和曲面时，明暗交界线为一个弧面区域。只要有面的转折就会产生明暗交界线，但无论是成角度的干脆转折还是成弧度的柔和转折，明暗交界线都一定是顺应形体结构走向的。

7.4 投影的表达

投影对于塑造物体的立体感和空间感具有至关重要的作用。在不同属性和角度的光源下，投影也会不同。

7.4.1 投影产生的原因

投影是一种光学现象，其产生需要具备3个条件。首先是要有光源，其次是物体不透明，最后是要有投影平面。第一个条件很好理解，没有光源就没有光，空间就会一片漆黑，自然也就观察不到物体。第二个条件是物体要为不透明材质，对光线具有一定的遮挡作用，如果物体是完全透明的玻璃，它在光的照射下就不会产生明显的投影。第三个条件是要有投影的平面，也就是物体要放置在平面上，如桌面或地面，如果物体飘浮在高空中，肯定无法产生明确的投影。

下图为长方体在左上方45°点光源下的投影。我们可以发现点光源的光线呈放射状，且每束光线与地面的夹角都不同，通过连接光源和长方体顶面4个顶点并延长到地面可以得到光线与地面的交点，将地面上的点连接而形成的区域大致为投影区域。在不同灯光下，由于光源的角度不同，与地面产生的交点位置不同，所以投影的面积也不同。在同一灯光下，改变物体的位置和方向，其投影也会随之发生变化。

下图是长方体在左上方45°平行光源下的投影。由于光线呈平行关系，因此分别画出穿过长方体顶面顶点的4条平行线，得到光线与地面的交点，将地面上的点连接而形成的区域大致为投影区域。平行光源的投影容易寻找，产生的投影面积较小，更适合在画面中表现，在产品设计手绘中运用较多。

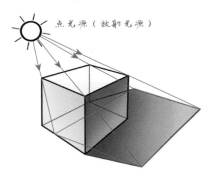

点光源（放射光源）投影的画法

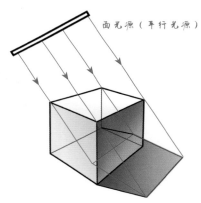

面光源（平行光源）投影的画法

提示 一定要注意光源与物体距离或光线角度对投影大小的影响：在光源高度确定的情况下，光源距离物体越近，投影面积越小；光源距离物体越远，投影面积越大。例如，我们走在路灯下时，距离路灯越近，影子越小；距离路灯越远，影子越大。因此我们在实际绘画中需自行设定合适的光源距离，这样就可以控制投影的面积，使其占用更少的画面空间。

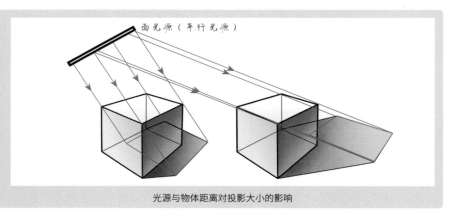

光源与物体距离对投影大小的影响

7.4.2 不同投影的画法

根据不同的情况，我们可以将投影分为以下5类。

投影在平面上

投影在平面（桌面或地面）上时，按照光线的延长线与地面产生的交点绘制投影。投影区域全部落在平面上，会呈现平整的状态，在表现时应注意前实后虚（前重后轻）的关系。

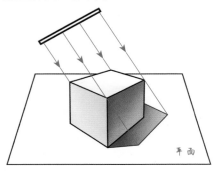

投影在平面上

部分投影在立面上

部分投影在立面（墙面）上时，需将该部分转换为竖直方向的立面投影。在平面上的投影保持不变，按照在平面上绘制投影的方法表现即可。

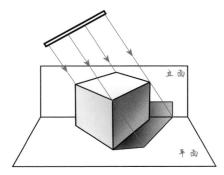

部分投影在立面上

部分投影在其他物体上

部分投影在其他物体上时，由于物体间的空隙较小，投影出现互相遮挡的现象。在绘制时，注意根据投影方向将影子顺延至被投影物体的表面。

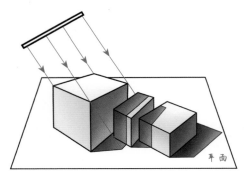

部分投影在其他物体上

物体自身产生的投影

物体因自身的凹凸、镂空而产生投影时，不仅需要绘制物体整体的投影，还需要绘制物体自身形体遮挡而产生的内部投影。在绘制时，注意内部与外部的投影方向与光线方向保持一致。

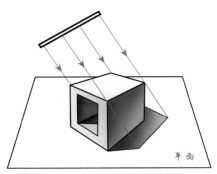

物体自身产生的投影

悬浮物体产生的投影

物体处于悬浮状态时，投影与物体底部会有一段距离。在绘制时，注意投影会向着背光的一侧发生偏移。

受空间透视与光源距离的影响，投影具有前实后虚、前重后轻的规律。投影开始的位置在明暗交界线结束的位置，投影随光线和物体位置的变化而变化。当我们想象不出具体的光影关系时，可以台灯为光源，自行摆放一些物体，将其作为写生对象进行绘制。

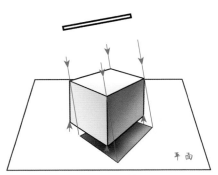

悬浮物体产生的投影

7.5 光影的表达技巧

下面以3种具有代表性的几何体为例，讲解光影的表达技巧，带领大家了解平面形体、平面与曲面组合形体、曲面形体的光影规律。

7.5.1 立方体的光影表达

立方体是各种形体的基础形态，通过绘制立方体的光影，我们可以掌握最基本的三大面和五调子，进而概括和绘制其他形体的光影。

提示 要了解详细绘制步骤，可以观看教学视频。

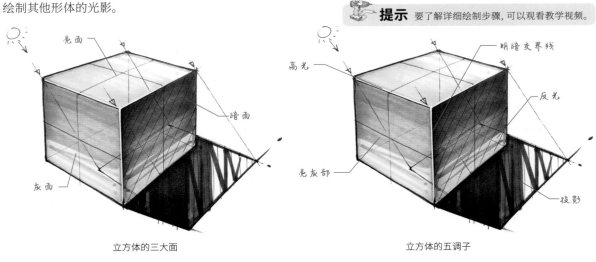

立方体的三大面

立方体的五调子

颜色：CG270　CG271　CG272　YG265　YG266

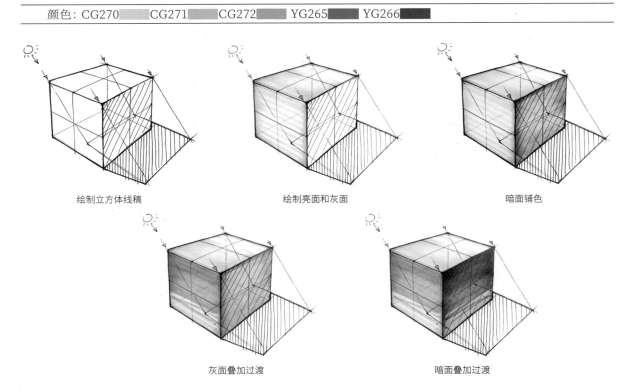

绘制立方体线稿

绘制亮面和灰面

暗面铺色

灰面叠加过渡

暗面叠加过渡

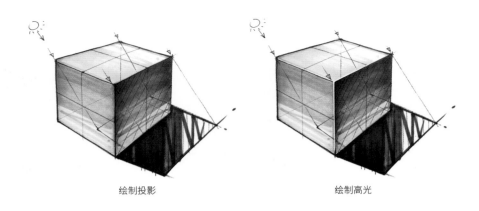

绘制投影   绘制高光

7.5.2 圆柱体的光影表达

　　圆柱体四周的立面是围绕圆形的曲面，其三大面和五调子与立方体不同，光影特征也不同，这需要读者重点学习。

　　假设光源位于左上方，那么圆柱体的三大面可以确定，顶面为亮面，立面从左至右依次为亮面、灰面和暗面。立面的高光区域和明暗交界线区域遵循"1/3原则"，即高光在靠近光源的左侧1/3处，明暗交界线在背离光源的右侧1/3处，用此种方式最容易表现物体的立体感。

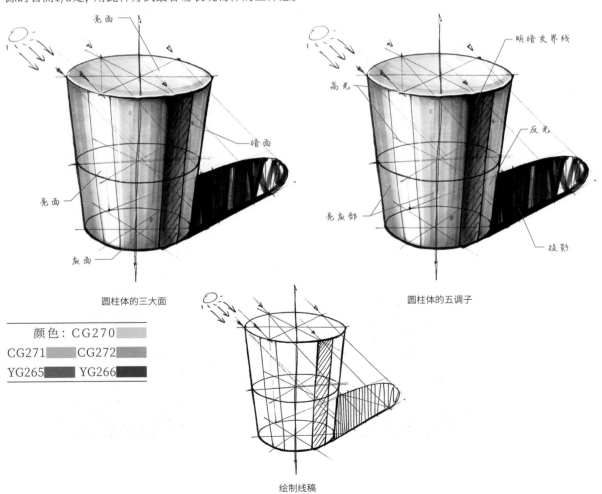

圆柱体的三大面

颜色：CG270
CG271 　CG272
YG265 　YG266

圆柱体的五调子

绘制线稿

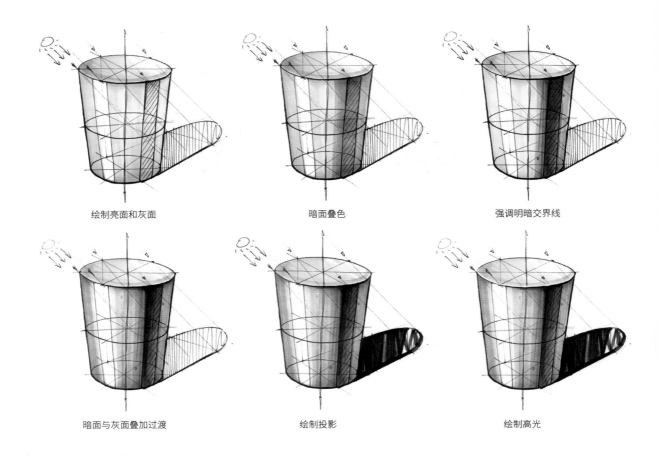

绘制亮面和灰面　　　　　　　　　暗面叠色　　　　　　　　　强调明暗交界线

暗面与灰面叠加过渡　　　　　　　绘制投影　　　　　　　　　绘制高光

▶ 7.5.3　球体的光影表达

　　球体完全由曲面组成，因此从任意方向观察到的形状均为圆形。在球体的线稿绘制阶段，注意通过绘制剖面线和结构线来表现球体的立体感。在上色阶段，主要应用湿画法来使球体表面明暗过渡自然平滑。

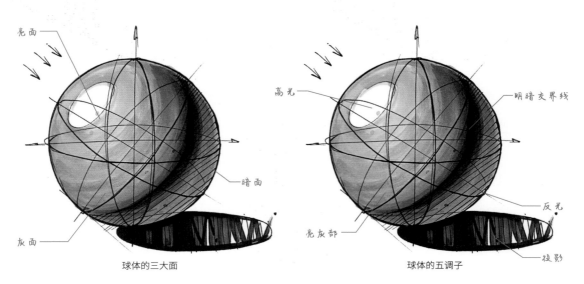

球体的三大面　　　　　　　　　　　　　　　　　球体的五调子

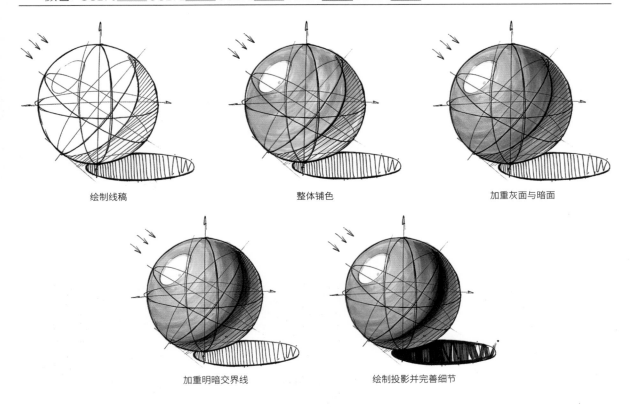

绘制线稿　　　　　　　　　　整体铺色　　　　　　　　　加重灰面与暗面

加重明暗交界线　　　　　　绘制投影并完善细节

7.6　光影的训练方法

前面学习了光影的应用，接下来以倒角形体、百变立方体、几何体组合与盒子打开图为例讲解光影的综合训练方法。

7.6.1　倒角形体的光影训练

无论对哪种形体进行光影表达，其基本的三大面和五调子的表达方式都与立方体相同。图中使用的是左上方45°平行光源，左侧形体为倒切角后的方正形体，右侧形体为倒圆角后的方正形体。倒圆角后明暗交界线和高光位置会发生一定的变化。

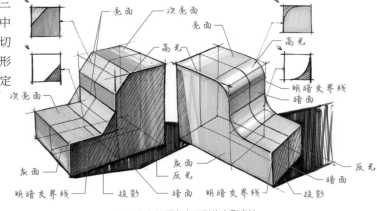

倒切角与倒圆角方正形体光影表达

倒切角形体的45°倾斜的倒角平面为亮面，顶面为次亮面。这是由于光线垂直照射斜面，因此该区域应最亮。顶面与光线产生夹角，非垂直照射，因此为次亮面，其他明暗关系的表达方式与立方体相同。

倒圆角形体的倒角处为1/4圆弧衔接的曲面。外倒角的曲面高光在上1/3处，明暗交界线在曲面的下1/3处，该区域的光影表达类似于前期训练中的凸曲面表达。内倒角的明暗变化为从上到下由暗到亮柔和过渡，实际上就是凹曲面与竖直方向的暗面和水平方向的亮面相衔接，需要表现出由暗转亮的过渡特征。

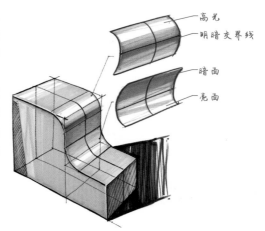

倒圆角方正形体的曲面明暗变化

了解了倒角的光影基本规律后，我们就可以对下图中各种倒角的立方体进行光影表达训练。

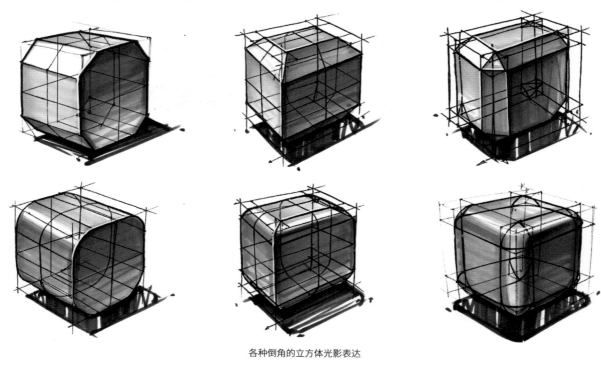

各种倒角的立方体光影表达

值得注意的是，三边倒圆角的光影表达会发生细微的变化。我们先来分析高光的变化，原本立方体的高光出现在棱线转折处靠近光源的一侧，视觉上呈现为一条很亮的"线"；倒角后的棱线变为1/4圆弧曲面，需要应用圆柱体曲面的明暗表达方式，高光区域会出现在1/4圆弧曲面受光面的1/3处，可使用留白的手法将高光预留出来。然后看明暗交界线的变化，原本的立方体明暗交界线出现在棱线转折处背离光源的一侧，视觉上呈现为一条较暗的"线"；倒角后的棱线变为1/4圆弧曲面，需要应用圆柱体曲面的明暗表达方式，明暗交界线区域会出现在1/4圆弧曲面背光面的1/3处。明暗交界线呈现出近实远虚的特点。

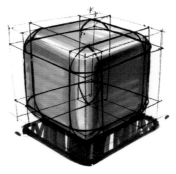

三边倒圆角立方体光影表达

在绘制复合倒圆角形体时，其圆角光影的表达可以参考三边倒圆角立方体，但应注意复合倒圆角形体的倒角大小不同，高光粗细程度不同，明暗交界线的位置也不同。

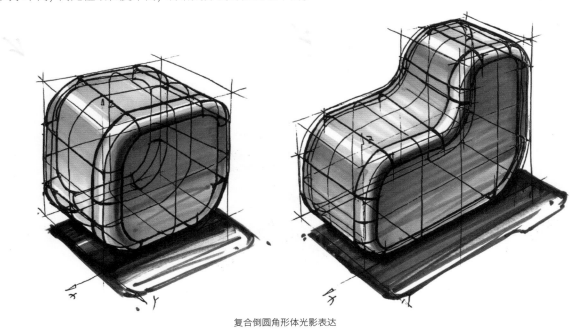

复合倒圆角形体光影表达

7.6.2 百变立方体的光影训练

作为立方体的衍生形体，百变立方体具有与立方体相似的特征。先确定光源来自左上方，然后确定三大面和五调子，以明确明暗关系。下图中形体的三大面和五调子清晰明确，读者可以在绘制过程中有意识地进行标注，以加深理解。注意可以选择以留白的方式预留出高光，没能预留出来的可使用高光笔进行提亮。同时，还要注意投影的表达应该有透气感。

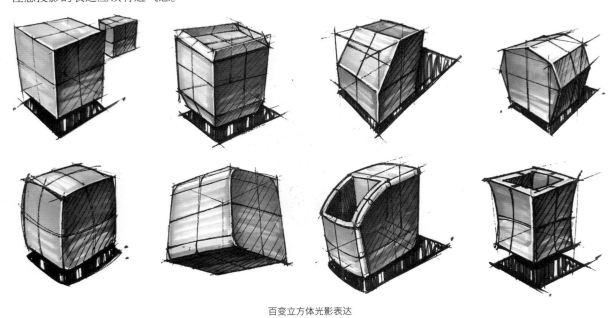

百变立方体光影表达

7.6.3 立方体加减法的光影训练

立方体加减法的明暗关系本质上都遵循立方体的上色原理，因此只需注意形体间的相互遮挡关系。大立方体形体抠出小立方体后形成了新的形体转折，由此产生了新的亮灰暗三大面。确定光源来自左上方，通过对光源的分析可确定朝上的面为亮面，朝左的面为灰面，朝右的面为暗面。

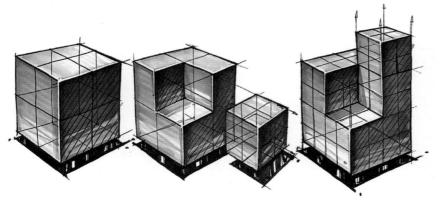

提示 在刻画明暗关系时，距离光源越远的面越暗，这是遵循了近实远虚的规律。另外，在强调明暗交界线时，需要有意识地着重强调近处的明暗关系对比，对比越强，位置越靠前。因此距离我们眼睛最近的顶点处的明暗交界线颜色最深，其与亮部产生的对比最强。

立方体加减法光影表达

7.6.4 盒子打开图的光影训练

下图是盒子打开图的光影表达，整体主要应用了干画法的上色技法。先运用立方体的基本光影原理对形体进行三大面和五调子的区分，然后运用圆柱体的光影原理来表达倒圆角处的光影，注意高光和明暗交界线位置的变化。

上方盖子的打开方式为向上掀开，前面下方小抽屉的打开方式为向外拉出，在其操作方式的表达上，用颜色鲜艳的箭头进行示意。背景采用宽笔头勾边处理的手法，勾边时要注意粗细对比，距离光源近的一侧勾边较细，距离光源远的一侧勾边较粗，再添加一些点状笔触进行点缀，使背景灵活生动、富于变化，进而丰富整体画面的层次。

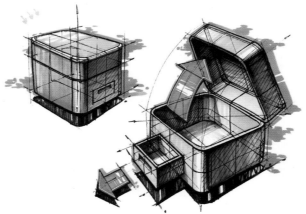

提示 在刻画盒子打开图的明暗关系时，要注意盒子内部的暗面比外部的暗面更暗，由于物体自身的遮挡关系，会在盒子内部产生投影。

盒子打开图的光影表达

在刻画较为复杂形体的明暗关系时，每个面的色彩明暗层次都有所不同，只要面与面出现转折，就会发生或多或少的明暗变化。我们只需采用概括的手法进行表现即可，不用过于细致地刻画。

7.7 光影的绘制练习

前面我们学习了光影的绘制要点和表现技法，接下来学习光影在产品设计手绘中的应用，重点就是如何表现产品的光影，增强其立体感。

▶ 7.7.1 冰箱的光影练习

冰箱的整体造型为典型的长方体，可应用立方体的光影表达技巧。

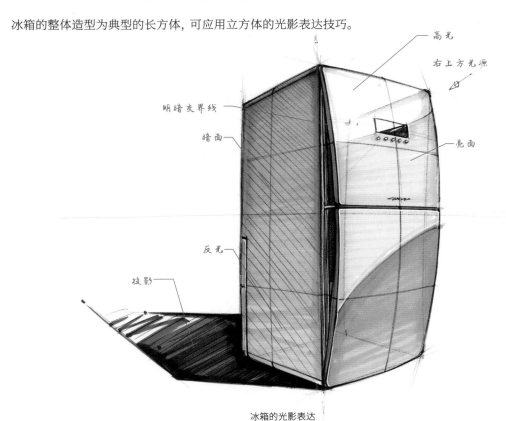

冰箱的光影表达

颜色：CG270　　CG271　　CG272　　YG265　　YG266

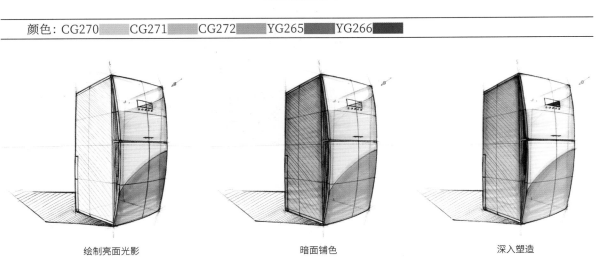

| 绘制亮面光影 | 暗面铺色 | 深入塑造 |

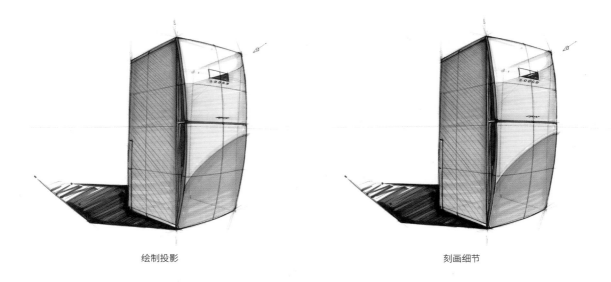

绘制投影   刻画细节

7.7.2 蓝牙音箱的光影练习

该款蓝牙音箱的整体造型为典型的圆柱体，可应用圆柱体的光影表达技巧。

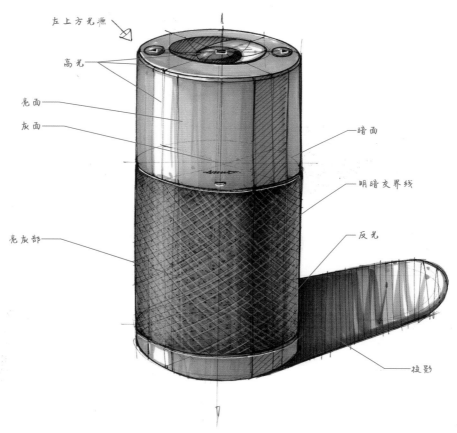

蓝牙音箱的光影表达

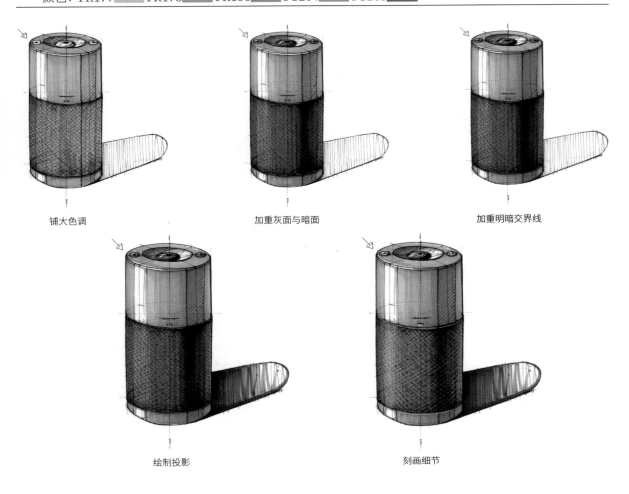

铺大色调　　　　　　　　　　加重灰面与暗面　　　　　　　　　加重明暗交界线

绘制投影　　　　　　　　　　　　刻画细节

▶ 7.7.3　摄像头的光影练习

该款摄像头的整体造型为球体与圆台体的组合, 可应用球体和圆柱体的光影表达技巧。

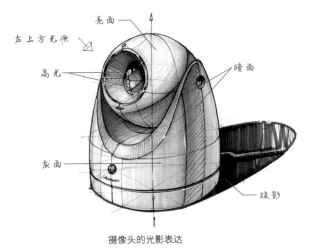

摄像头的光影表达

颜色：CG269 　CG270 　CG271 　CG272 　CG274 　B234 　B236 　B238
Y225 　YG265 　YG266

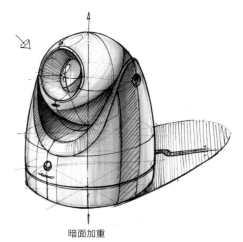

铺大色调

暗面加重

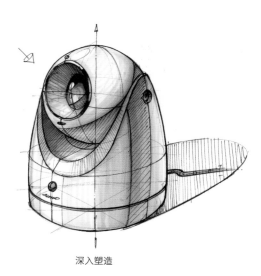

深入塑造

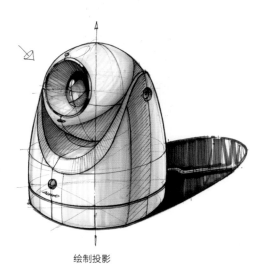

绘制投影

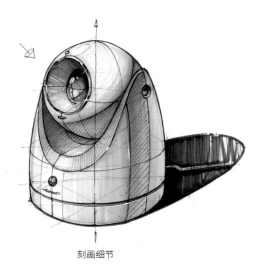

刻画细节

第 **8** 章

材质与色彩 的表现

材质与色彩的表现是学习产品设计手绘的重要内容。在光影表达的基础上，为产品赋予材质与色彩，将使产品图更加真实。本章学习材质与色彩的表现。

8.1 材质表达的基础认知

材质表达是产品设计手绘中的重要部分，可以使画面效果更加生动逼真。

材质即材料质地，属于物理层面的描述对象。材料可分为自然材料和人造材料。自然材料是指自然界中本身就有的原始材料，如石材、木材、沙子和皮革等。人造材料是指经人为改变属性和人工合成的材料，如玻璃、陶瓷、水泥和碳纤维等。材料根据物理化学属性，可分为金属材料、无机非金属材料、有机高分子材料和不同类型材料所组成的复合材料。

自然材料（石材、木材、沙子、皮革）

人造材料（玻璃、陶瓷、水泥、碳纤维）

质地来自人们的生活经验积累，属于心理层面的描述对象。例如，人们看到木材会感到充满生命力，看到毛皮会感到温暖，看到金属会感到冰冷等。

木材、毛皮、金属

材质创新已经成为产品设计的重要组成部分和发展方向。人们一方面对旧材料重新思考，进行新的扩展、延伸和应用，使旧材料焕发新的生机；另一方面对新材料不断进行研究和开发，为材质创新注入新鲜血液，助力设计实现新的突破。例如，下图中的宝马GINA新材料概念汽车将纤维材料覆盖于金属车身，这种纤维材料如同布料一样会产生褶皱，由此展现出更多的趣味。

宝马GINA 新材料概念汽车

8.1.1 材质表达的作用

材质表达的作用体现在产品外观的视觉呈现方面，有利于设计师真实再现产品所用材料的质感，有助于观者直观地感受和识别手绘设计产品中的材料属性，提高设计师与客户之间的沟通效率。材质表达也能增强手绘图稿的艺术性和生动性，使画面更加精致、真实。

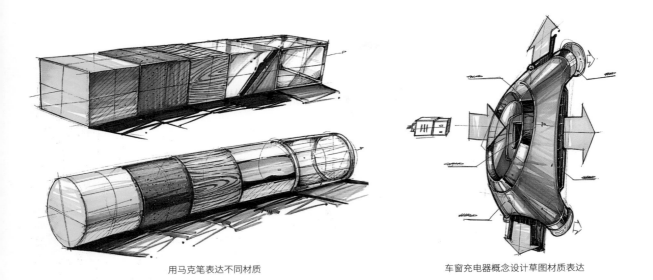

用马克笔表达不同材质　　　　　　　　　　　车窗充电器概念设计草图材质表达

　　材质表达的作用还体现在生产加工方面，有助于提高设计师的材料应用意识和成本控制意识。一名合格的产品设计师在进行设计构思时，不仅需要对产品的外观进行优化创新设计，还需要熟悉构成产品的各种材料的特性、实际生产加工工艺和装配方式。设计师只有在前期设计阶段充分考虑材料特性及加工工艺，才更容易将想法转变为看得见、摸得着且可以使用的实体产品。

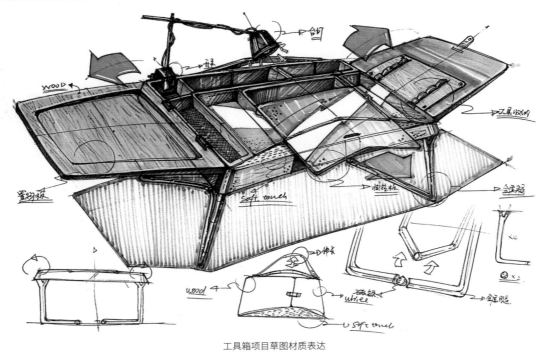

工具箱项目草图材质表达

8.1.2　材质表达的要素

　　影响材质表达的要素有固有色、透明度、粗糙度、软硬度、肌理与纹理。在表达各种材质之前，先对材质的特征要素进行分析，可以帮助我们更深入地了解材质特性，把握绘制技巧。

- ## 固有色

固有色是材质具有的固有颜色，如下图中木材的棕色、不锈钢的银色、塑料的彩色和橡胶的黑色等。这些材质的固有色显而易见，是影响材质表达的重要因素。在进行材质表达前，要先观察材质的色彩特性，然后进行色彩表现。

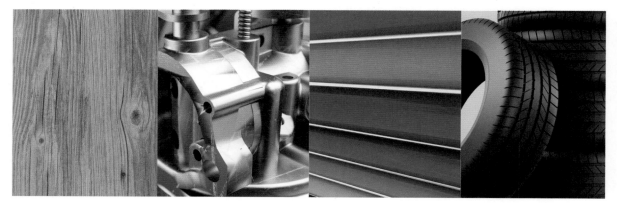

木材的棕色、不锈钢的银色、塑料的彩色、橡胶的黑色

- ## 透明度

透明度用于衡量材质的通透程度，它由材质的透光性决定。根据透明度的不同，大致可将材质分为不透明、半透明和透明3种类别。不透明材质有石材、木材、金属及橡胶等；半透明材质有磨砂玻璃、毛发及布料等；透明材质有玻璃、透明塑料及液态水等。

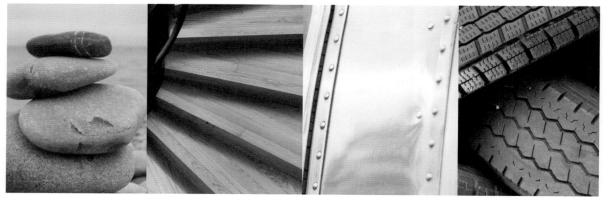

不透明材质（石材、木材、金属、橡胶）

半透明材质（磨砂玻璃、毛发、布料）

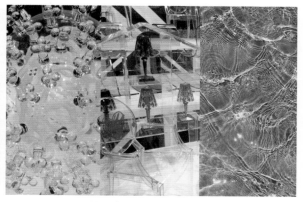

透明材质（玻璃、透明塑料、液态水）

- **粗糙度**

　　粗糙度用于衡量材质表面的粗糙程度。粗糙度越小，表面越光滑，颗粒感越弱；粗糙度越大，表面越粗糙，颗粒感越强。根据粗糙度的不同，材质可分为光滑材质和粗糙材质。光滑材质有不锈钢、玻璃、镜面烤漆和抛光大理石等；粗糙材质有橡胶、水泥、石材和原木等。

光滑材质（不锈钢、玻璃、镜面烤漆、抛光大理石）　　　　　　粗糙材质（橡胶、水泥、石材、原木）

- **软硬度**

　　软硬度用于衡量材质内部结构稳定程度。根据软硬度的不同，材质可分为坚硬材质与柔软材质。坚硬材质的微观结构相对稳定，成型后不易发生形变，如金刚石、石材、玻璃和金属等。柔软材质的微观结构相对松散，成型后容易发生形变，如橡胶、木材、布料和皮革等。

坚硬材质（金刚石、石材、玻璃、金属）　　　　　　柔软材质（橡胶、木材、布料、皮革）

- **肌理与纹理**

　　肌理与纹理体现在某些材质表面的纹路起伏上。肌理是指材质表面具备的天然或人工添加的凹凸起伏的特征，如木材的木纹、石材的孔洞，以及金属的肌理、拉丝等。纹理是指材质表面的平面花纹，不具有凹凸起伏的特征，它也分自然的和人工的，如自然大理石花纹和人工丝印或贴花等。

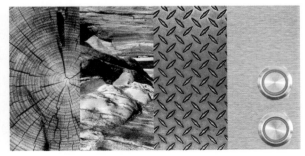 

肌理（木材的木纹、石材的孔洞和金属的肌理、拉丝）　　　　　　纹理（自然大理石花纹和人工丝印贴花）

8.2 塑料材质的表现

塑料是日常生活中常见的材质，其颜色丰富，种类多样。塑料材质在具体应用时，往往会改变颜色和肌理，以呈现出丰富多彩的外观。塑料材质在产品设计中的应用非常广泛，接下来学习塑料材质的表现方法。

8.2.1 塑料材质的特征分析

塑料的成分主要是树脂，其种类丰富、特性迥异。塑料是现代人造材料的代表，被广泛应用于家电、家居产品、防护产品、工程器械、工具和包装等。例如，意大利阿莱西（ALESSI）公司的经典家居产品，主要由各种塑料加工而成，被视为工业产品设计中的经典之作，畅销全球。再如，丹麦设计大师维纳尔·潘顿（Verner Panton）设计的潘顿椅，使用塑料材质一体注塑成型，椅身造型采用流畅曲线，仿佛女性柔美的身姿，同时摒弃四条腿的支撑，是工业设计史上的经典之作。

阿莱西公司的经典塑料产品

潘顿椅

塑料材质五要素

材质五要素	特征	表现技法要点
固有色	颜色多样	线稿线条干脆利落，上色时注意明暗对比比较强烈，明暗交界线较重，高光可为纯白色（留白处理），反光较亮；以干画法为主，运笔速度快，色彩表现丰富。可在表面采用丝印等工艺印制花纹或Logo
透明度	不透明	
粗糙度	光滑	
软硬度	较坚硬	
肌理与纹理	丝印贴花等各种肌理与纹理	

▶ 8.2.2 塑料材质的表现技巧

前面分析了塑料材质的特征，接下来学习光滑高亮塑料的表现技法。下面以基本形体的材质表现为例，讲解绘制的要点。

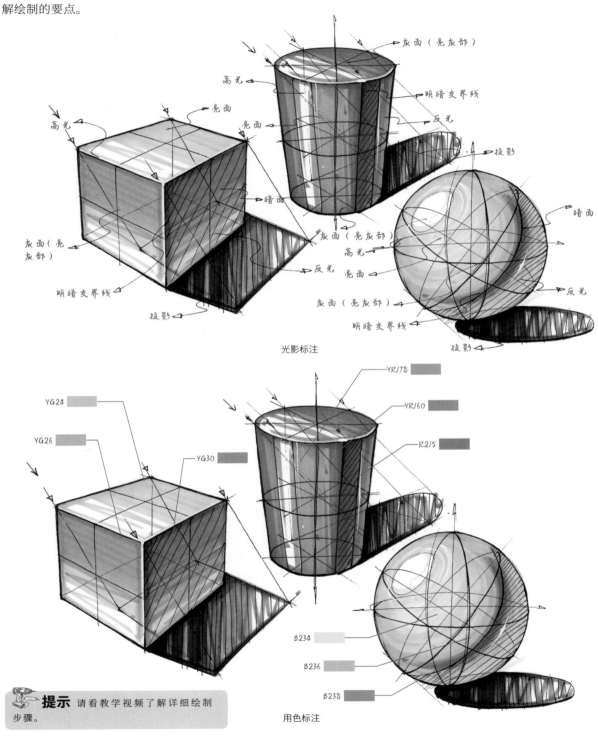

光影标注

用色标注

🔧 **提示** 请看教学视频了解详细绘制步骤。

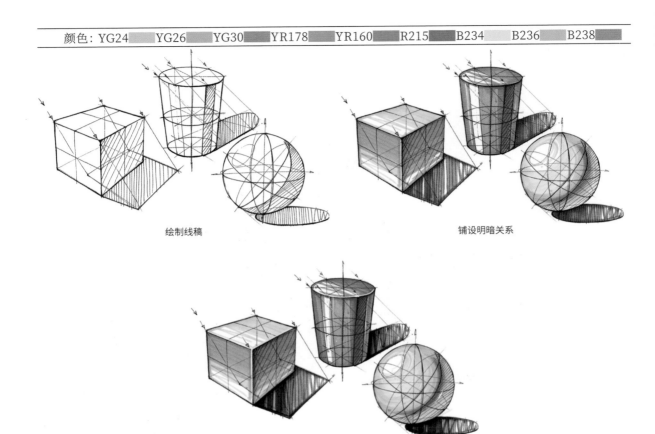

颜色：YG24　YG26　YG30　YR178　YR160　R215　B234　B236　B238

绘制线稿　　　　　　　　　铺设明暗关系

刻画细节

▶ 8.2.3 塑料材质产品应用：园艺喷头

本节以园艺喷头为例，讲解塑料材质的表现要点。

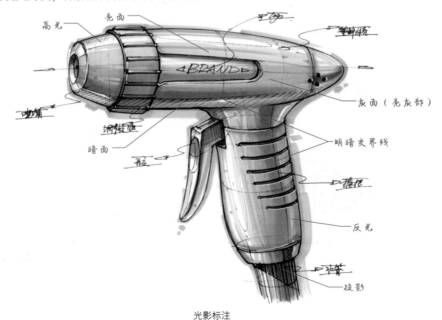

高光　亮面　平top　塑料质感
灰面（亮灰部）
明暗交界线
暗面　反光
投影

光影标注

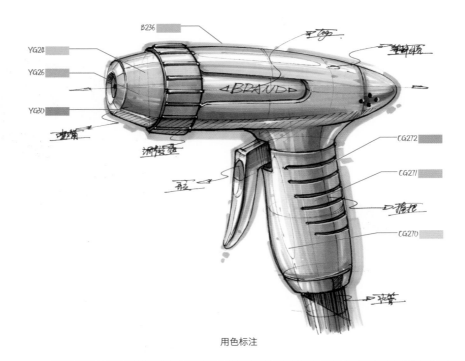

用色标注

颜色：YG24　　YG26　　YG30　　CG270　　CG271　　CG272　　B236

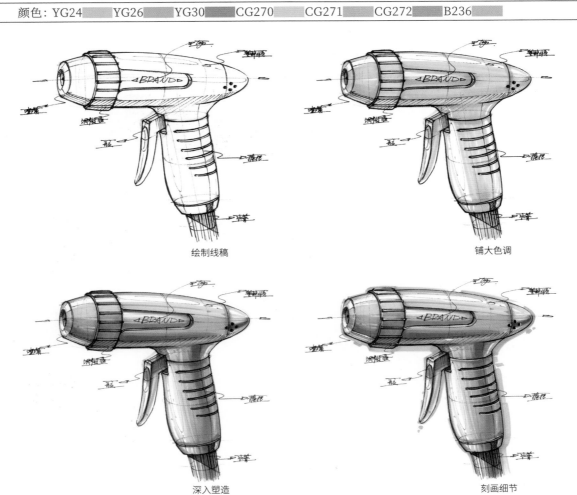

绘制线稿　　　　　　　　　　　　　铺大色调

深入塑造　　　　　　　　　　　　　刻画细节

下面是其他一些塑料材质产品的手绘设计草图和设计效果图。

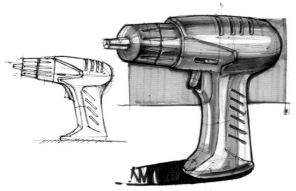

电钻设计草图

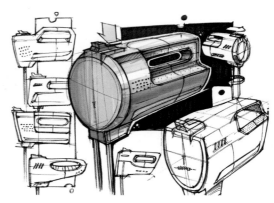

搅拌器设计草图

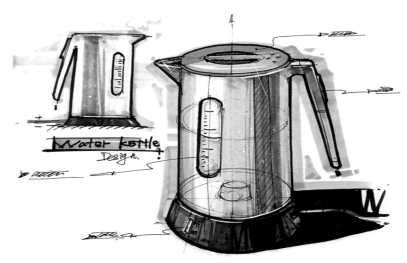

电水壶设计草图

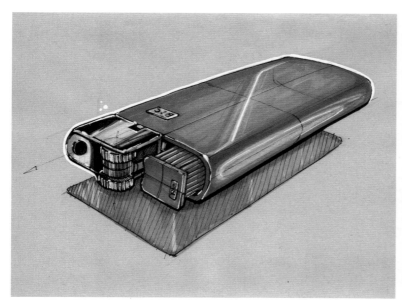

打火机设计效果图

游戏手柄设计效果图

美工刀设计效果图

8.3 木头材质的表现

　　木材是日常生活中常见的自然材料之一。木材在工业产品、家具和建筑中应用广泛，其独特的肌理与纹理、柔和的色彩和天然的质感给人质朴、自然和温暖的感觉。

8.3.1 木头材质的特征分析

　　木材根据密度和树木生长年限的不同，可分为软木与硬木两类。软木的颜色较浅，一般有灰白色、浅黄色和浅棕色，质地松软，密度较小，木纹较疏，可浮于水面。硬木的颜色较深，一般有红褐色、深棕色和黑棕色，质地坚硬，密度较大，木纹较密，在水中可迅速下沉。

　　常见的软木有松木和杉木等。常见的硬木有黑胡桃木、橡木、柚木和紫檀木等。在进行产品手绘表现时，需要注意每种木材的颜色、纹理和特性均有区别，因此应根据实际应用情况进行选择和表现。

各种木材手绘图

　　木材的成型工艺主要包括锯割、刨削、凿削、铣削、贴片、复合、层压、胶合、蒸汽热弯、碎料模压、激光雕刻、干燥处理、碳化处理等。木材的表面处理方式主要有抛光、打蜡、磨砂、脱色、填孔、染色、喷涂、丝印等。下面是一些由木头制成的、具有代表性的经典家具产品，它们均出自设计大师之手。

蝴蝶凳

Z 形椅

帕伊米奥椅

木头材质五要素

材质五要素	特征	表现技法要点
固有色	黄棕色、红褐色、灰白色等	线稿线条可略微柔和，富于变化，明暗对比较弱，颜色过渡自然，高光和反光均不明显。木纹亮部较浅，暗部较深，明暗交界线处最深。木纹需生动自然、灵活多变，并注意粗细和深浅变化
透明度	不透明	
粗糙度	通常较粗糙	
软硬度	较坚硬	
肌理与纹理	自然木纹	

8.3.2 木头材质的表现技巧

前面分析了木头材质的特征, 接下来学习木头材质 (包括粗糙原木和抛光打蜡的木材等) 的表现技巧。下面笔者以基本形体的材质表现为例, 讲解绘制要点。

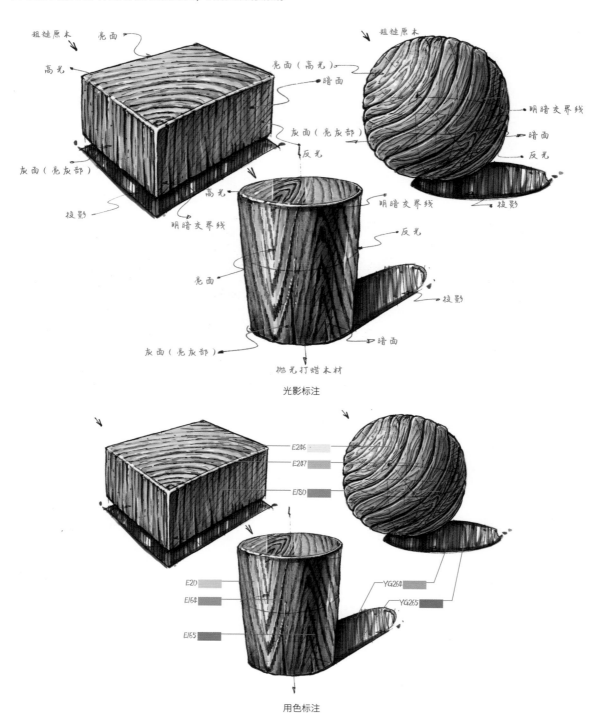

光影标注

用色标注

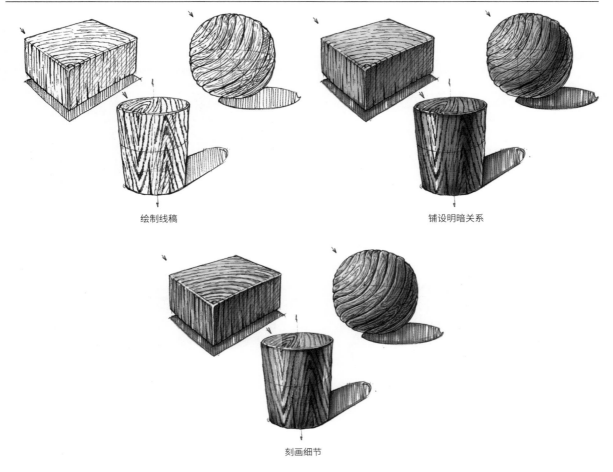

绘制线稿　　　　　　　　　　　　　　铺设明暗关系

刻画细节

8.3.3 木头材质产品应用：梳子

本节以梳子为例，讲解木头材质的表现要点。

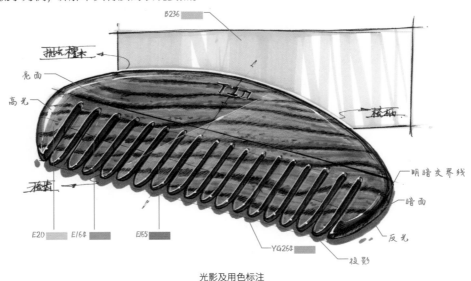

B236

抛光楔木

亮面

高光

丁丿丁

梳柄

梳齿

明暗交界线

暗面

反光

E20　　E164　　　E165

YG264

投影

光影及用色标注

颜色：E20   E164   E165   B236   YG264

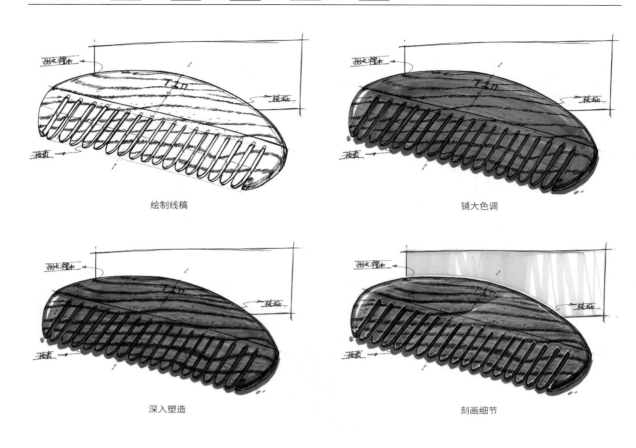

绘制线稿   铺大色调

深入塑造   刻画细节

以下是其他一些木材产品的效果图。

木质蝴蝶凳手绘效果图

Z 形椅手绘效果图

木质花盆绿植手绘效果图

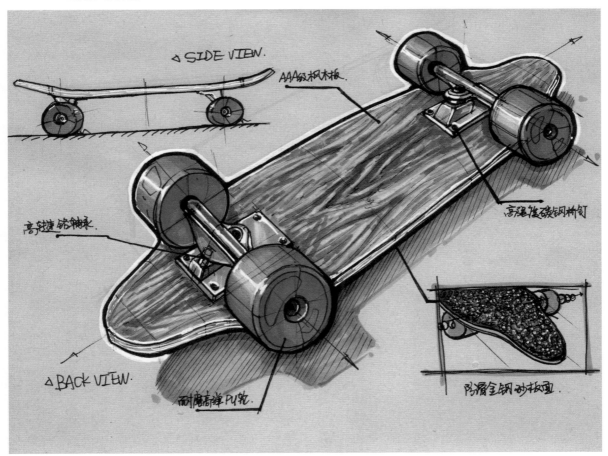

木质滑板设计效果图

8.4 金属材质的表现

金属包括自然金属矿产与人造合金，不同的金属有着不同的特点。金属往往给人一种冰冷感和有分量的感觉。金属材质在产品设计中的应用十分广泛，接下来讲解金属材质的表现方法。

8.4.1 金属材质的特征分析

金属作为现代工业的代表性材料，在交通工具和家电等领域应用广泛。金属可分为纯金属和合金，常见的金属有不锈钢、锌合金、钛合金、铝合金、镍片、镁合金、液态金属、铁、铜、银和金等。

各种金属

金属的主要成型工艺有铸造、热压、冲压、压延、锻造、切削、焊接、折弯和电铸等。金属的表面处理工艺主要有热喷涂、喷丸、表面滚压、表面胀光、离子镀、激光表面强化、抛光和拉丝等。

下面是应用金属材质的产品，它们都是阿莱西公司的产品，分别是金属不锈钢的海狸转笔刀、小鸟水壶和外星人榨汁器。

海狸转笔刀

小鸟水壶

外星人榨汁器

金属材质五要素

材质五要素	特征	表现技法要点
固有色	灰色、黄色、红色等	线稿线条干脆流畅，明暗对比极强，颜色过渡属于跳跃式过渡，高光紧靠明暗交界线位置。反光较亮，极易受到环境影响，产生镜面反射。亮部可添加淡蓝色，表示受到自然光的影响，暗部可添加淡土黄色表示受到地面影响的反光
透明度	不透明	
粗糙度	光滑	
软硬度	一般比较坚硬	
肌理与纹理	凹凸、拉丝、网纹等	

▶ 8.4.2 金属材质的表现技巧

　　不锈钢金属作为光滑坚硬材质的代表，是材质表达中主要的学习对象。下面笔者以基本形体为例，讲解金属材质的绘制要点。

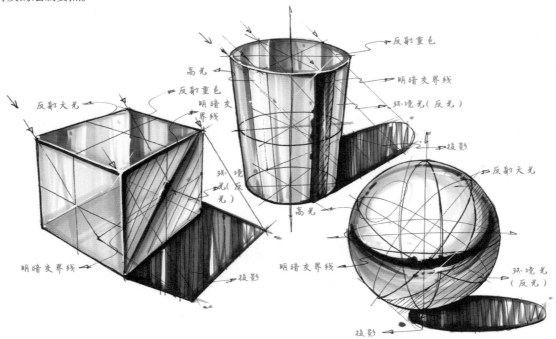

光影标注

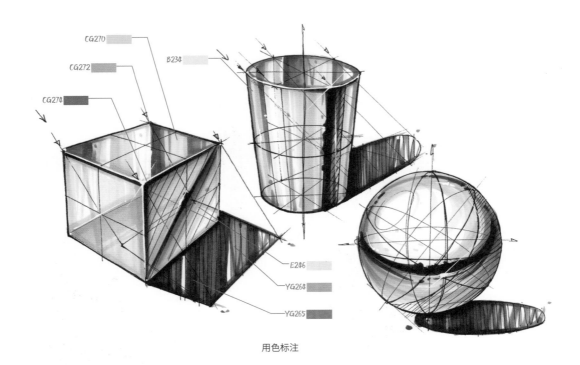

用色标注

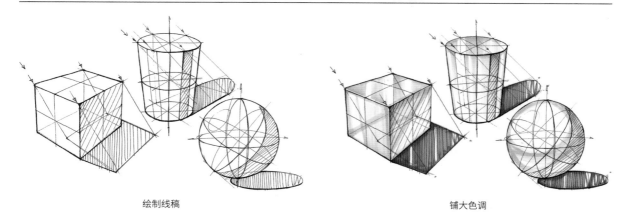

绘制线稿　　　　　　　　　　　　　　铺大色调

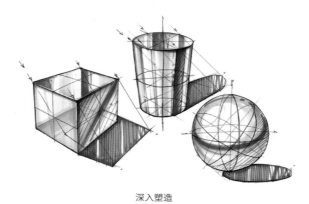

深入塑造

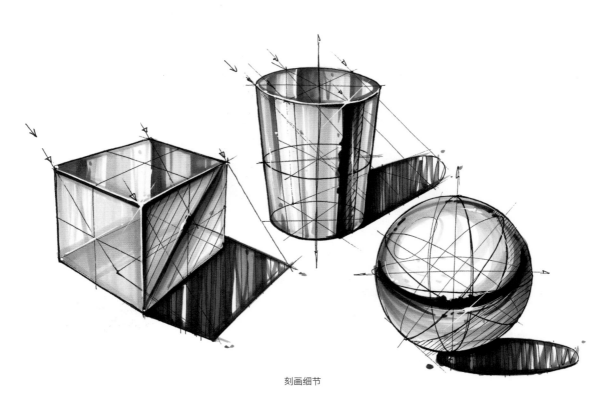

刻画细节

8.4.3 金属材质产品应用：水壶

本节以水壶为例，讲解金属材质的表现要点。

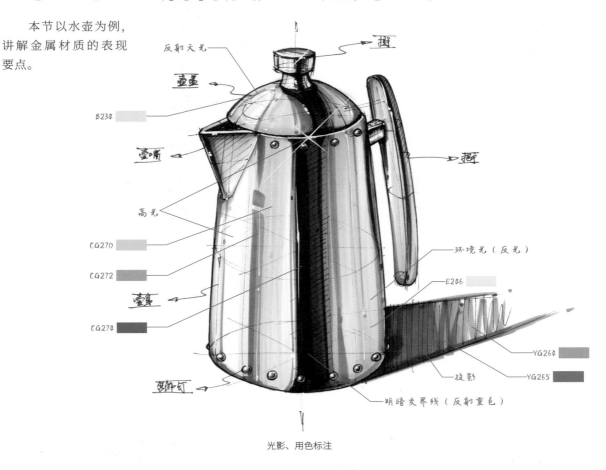

反射天光
盖

壶盖
B234
壶嘴
高光
CG270
CG272
壶身
CG274
铆钉

环境光（反光）
E206
YG264
YG265
投影
明暗交界线（反射重色）

光影、用色标注

颜色：CG270　　CG272　　CG274　　YG264　　YG265　　B234　　E246

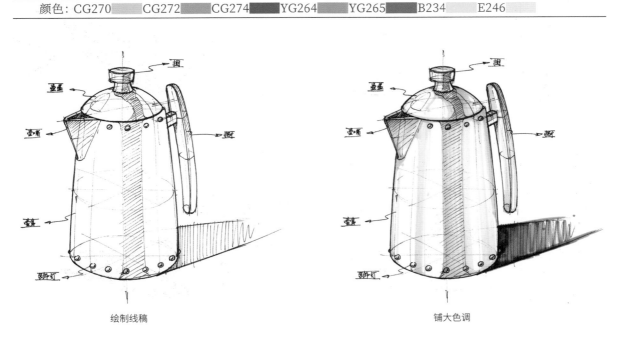

绘制线稿　　　　　　　　　　　　铺大色调

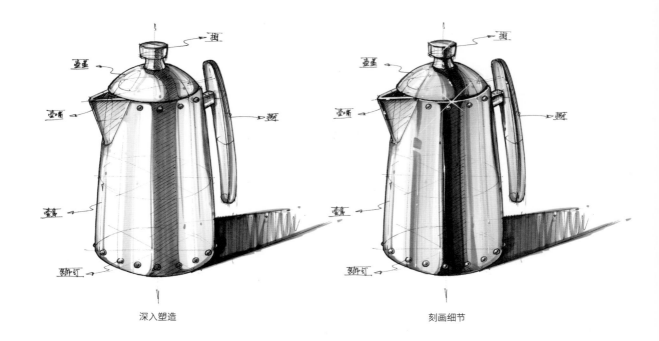

深入塑造

刻画细节

在实际产品的应用中，要根据具体金属的种类进行明暗和细节的刻画。表面较光滑的金属，对比度较高，应用干画法表现；表面较粗糙的金属，对比度较低，应用干画法和湿画法结合表现。

以下是一些金属材质产品的手绘效果图和设计草图。

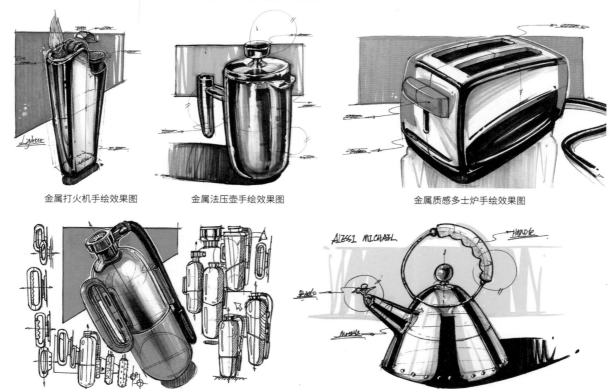

金属打火机手绘效果图　　　　金属法压壶手绘效果图　　　　　金属质感多士炉手绘效果图

金属灭火器设计草图　　　　　不锈钢小鸟水壶手绘效果图

在表现表面有磨损或划痕的金属时，可将针管笔与高光笔结合使用。由于划痕具有随机性，因此用笔也应随意、自由一些，制造出斑驳的肌理效果。同时要把握好对整体明暗关系和材质特点的表现，保证画面的整体效果。

磨损金属质感头盔手绘效果图

8.5 橡胶材质的表现

橡胶材质是粗糙亚光材质的代表，我们日常看到的橡胶、硅胶、磨砂塑料等材质都可以概括为粗糙亚光材质。由于橡胶材质表面有细小的颗粒，对比度较低，高光和反光均不明显，整体明暗关系平缓、柔和。

8.5.1 橡胶材质的特征分析

橡胶是具有高弹性的高分子化合物，因其具有耐磨、耐腐蚀、耐溶剂、耐高温、耐低温等性能，已成为重要的工业材料之一，被广泛应用于交通运输、工业制造和土木建筑等领域。

橡胶制品

橡胶按原料可分为天然橡胶和合成橡胶。天然橡胶是从植物中制取的橡胶。合成橡胶分为通用橡胶和特种橡胶，各种橡胶制品加工的基本工序包括塑炼、混炼、压延或压出（即挤出）、成型和硫化等。橡胶的表面处理工艺包括粗化、胶合、酸蚀、黏接、编织、喷涂和丝印等。

橡胶材质五要素

材质五要素	特征	表现技法要点
固有色	黑色、灰色等	线稿线条可略微柔和，明暗对比较弱，颜色过渡自然，高光、反光不明显，受环境光影响小。可以用暖灰色通过湿画法来表现，并用点画的方式添加肌理
透明度	不透明	
粗糙度	粗糙	
软硬度	柔软	
肌理与纹理	肌理多样	

8.5.2 橡胶材质的表现技巧

下面以基本形体为例，讲解橡胶材质的绘制要点。

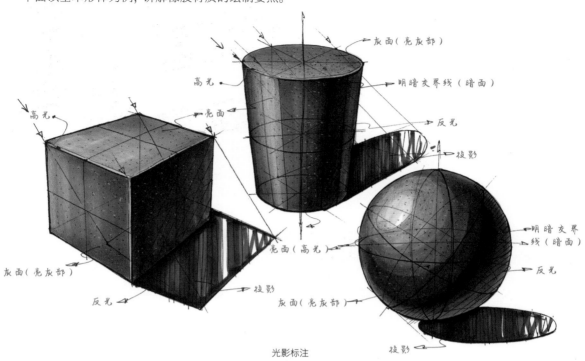

光影标注

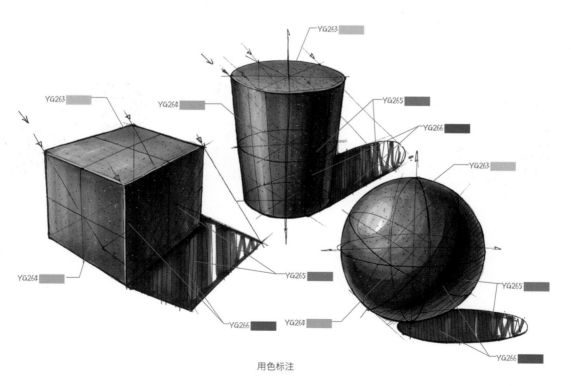

用色标注

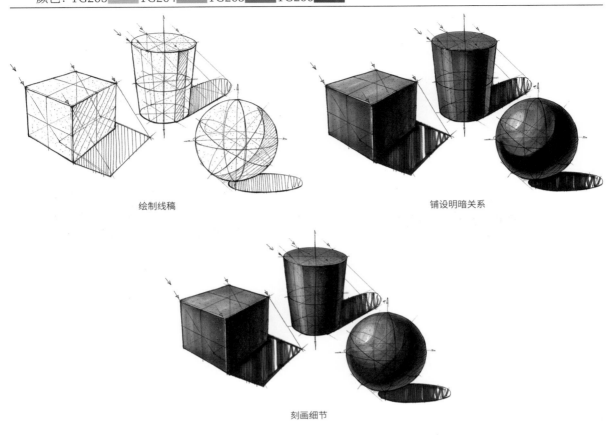

绘制线稿 铺设明暗关系

刻画细节

8.5.3 橡胶材质产品应用：自行车把手

下面以自行车把手为例，讲解橡胶材质的表现要点。

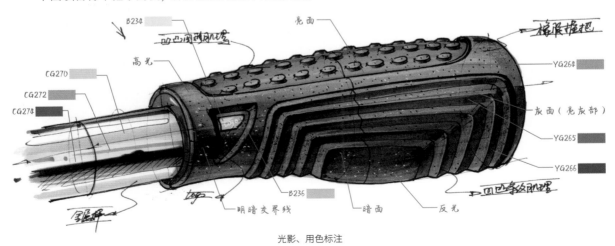

光影、用色标注

绘制线稿

铺大色调

深入塑造

刻画细节

通过学习橡胶材质的表现技法，可以发现橡胶材质基本上就是用湿画法表现，相对比较简单。注意在实际产品的应用中，要根据具体使用的橡胶种类进行明暗和细节的刻画。

以下是其他一些橡胶材质产品的手绘效果图和设计草图。

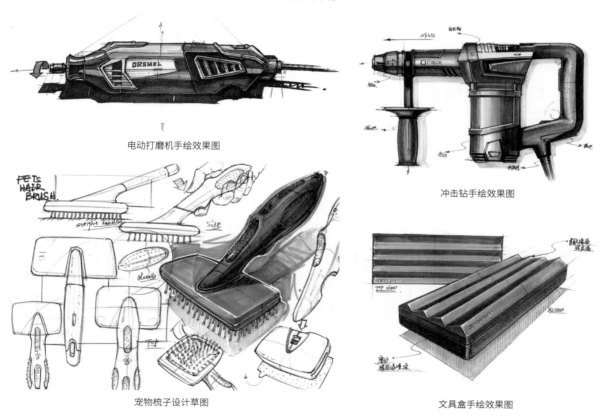

电动打磨机手绘效果图

冲击钻手绘效果图

宠物梳子设计草图

文具盒手绘效果图

8.6 透明材质的表现

透明材质在日常生活中十分常见，如玻璃、透明塑料和透明亚克力等。玻璃等透明材质往往给人一种冰冷清脆之感，能让人联想到水和冰块。其透明性导致其看起来质量轻，给人一种漂浮感和轻盈感。接下来学习透明材质的表现方法。

8.6.1 透明材质的特征分析

透明材质中比较有代表性的就是玻璃材质，下面主要讲解玻璃材质的特征。玻璃经混合、高温熔融、匀化后加工成型，再经退火而得，被广泛应用于建筑、日用、艺术、化学和电子等领域。

玻璃的主要成型方式有压制成型、吹制成型、拉制成型和压延成型，主要的表面处理工艺有研磨、抛光、磨边、喷砂、车刻、蚀刻、彩饰和丝印等。由于其表面光滑，光线反射为镜面反射，其容易受环境影响，光影变化十分丰富。玻璃基本不受光源的影响，因此不能产生明确的、传统意义上的三大面、五调子。

下面是一些经典的玻璃材质设计作品。下图中的甘蓝叶花瓶由模具压制而成，其优美的曲面展现了北欧设计的浪漫情怀。下图中的台式计算机，其后盖由彩色有机玻璃制成，为计算机设计开辟了新道路，其透明的特点使内部的结构可以清晰呈现，展现出十足的科技感和未来感，该产品在当时引起了很大的反响，受到了广泛欢迎。

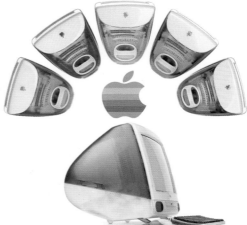

甘蓝叶花瓶　　　　　　　　　　　　　　　　台式计算机

透明材质五要素

材质五要素	特征	表现技法要点
固有色	通常无色	线稿线条干脆流畅，透明度高，可透过形体看到后面被挡住的结构。明暗对比较强，颜色属于跳跃式过渡，高光为纯白色，反光较亮，极易受环境影响，产生镜面反射。亮部可添加淡蓝色，代表自然光的影响，体现玻璃通透纯净之感。多用干画法表现，运笔速度要快
透明度	透明	
粗糙度	通常很光滑	
软硬度	通常很坚硬	
肌理与纹理	可印花	

▶ 8.6.2 透明材质的表现技巧

前面分析了透明材质的特征,下面以基本形体为例,讲解透明材质的绘制要点。

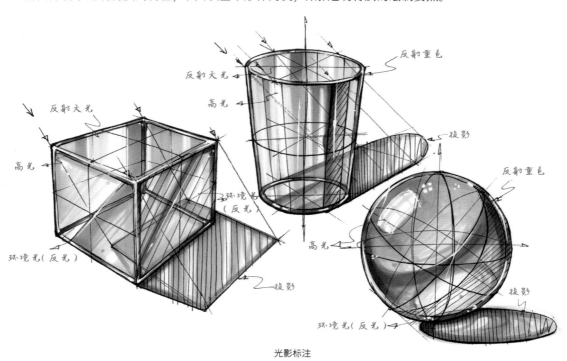

光影标注

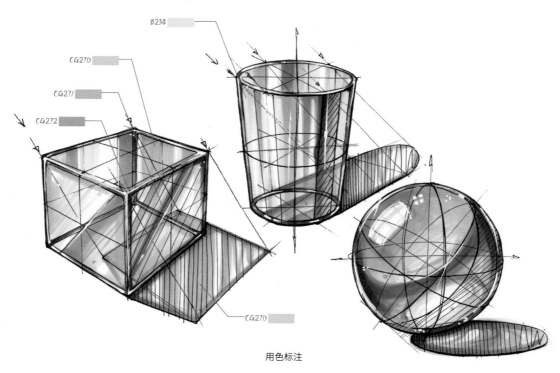

用色标注

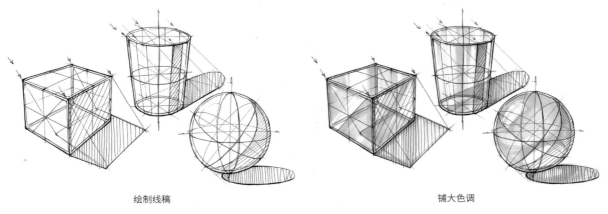

绘制线稿　　　　　　　　　　　　　　　　　铺大色调

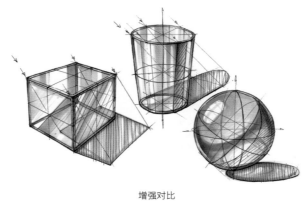

增强对比

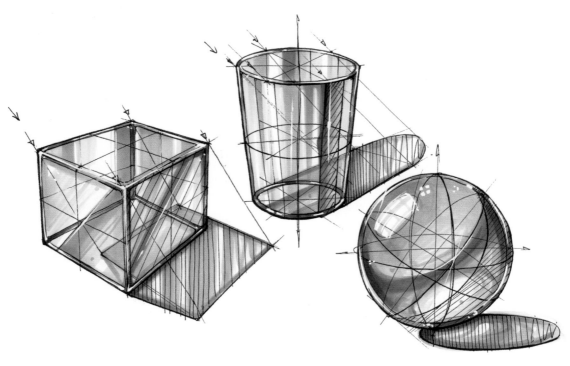

刻画细节

8.6.3 透明材质产品应用：玻璃杯

下面以玻璃杯为例，讲解透明材质的表现要点。

反射天光
B234
CG270
高光
杯身
CG271
反射重色
CG272
YR157
环境光（反光）
YR177
投影
CG270

光影、用色标注

颜色：CG270　CG271　CG272　YR157
YR177　B234

绘制线稿

铺大色调

深入塑造

刻画细节

掌握了透明材质的概括画法后，再来看一些实际应用案例以加深理解。读者注意在生活中仔细观察玻璃制品的光影变化。

玻璃瓶手绘草图

伊姆斯椅透明版手绘效果图

甘蓝叶花瓶手绘效果图

透明 PVC 充气沙发手绘效果图

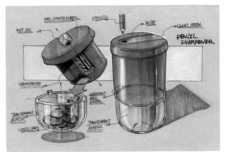

电动转笔刀设计效果图

8.7　色彩的基础知识

在学习产品设计色彩应用前，要先了解并掌握一系列色彩的基础知识。

8.7.1　色彩的基本概念

世间万千种颜色都是由几种原始颜色混合而成的。第一种是色光三原色，应用于电子屏幕的色彩显示情况；第二种是颜料三原色，应用于真实绘画的颜料调和情况；第三种是印刷四基色，应用于打印机印刷时的颜色调和情况。

色光三原色

色光三原色是指红、绿、蓝3种颜色，英文缩写为RGB（Red/Green/Blue）。色光三原色在混色时为叠加模式，此模式与现实生活中光线颜色叠加的规律一致，白色的物体之所以会显示为白色，是因为反射了所有颜色的光。

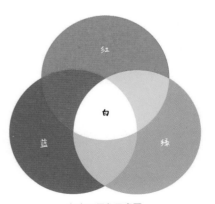

色光三原色示意图

颜料三原色

颜料三原色是指红、黄、蓝3种颜色，在实际绘画创作中应用的就是此种色彩。三原色通过不同比例的混合，产生其他颜色。我们在使用马克笔、水彩颜料、油画颜料绘画时都应用的是颜料三原色的混合模式。其中红色加黄色产生橙色，黄色加蓝色产生绿色，红色加蓝色产生紫色，3种颜色相加产生黑色。

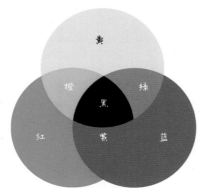

颜料三原色示意图

印刷四基色

印刷四基色是指青、品红、黄、黑4种颜色，是传统油墨打印机内部的墨盒中颜料的4种颜色，英文缩写为CMYK。打印机通过抽取墨盒中4种颜色的油墨，进行不同比例的调配而产生各种颜色并打印在纸上，从而实现所谓的"全彩印刷"。这也是Photoshop中的一种颜色模式，专门应用于打印的情况。

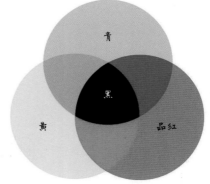

印刷四基色示意图

颜色的三维度

我们将描述颜色特征的维度概括为3个方面，即色相、明度和饱和度。色相是指颜色本身的相貌，又叫色调。明度是指颜色的明亮程度，又叫亮度。饱和度是指颜色的浓度、鲜艳程度，又叫纯度。

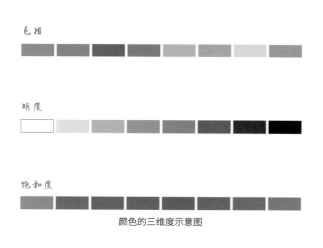

颜色的三维度示意图

色环

色环又叫色盘或色轮。将颜料三原色（红、黄、蓝）两两等比混合后会产生3种间色（橙、绿、紫），再将不同比例的紧邻颜色两两混合又能产生其他间色。最终，由产生的新颜色构成了常用的12色环。12色环为我们提供了基础的色彩选择，如果继续细分，并进行颜色混合，又会产生更多颜色，构成颜色过渡更平缓的渐变色环。

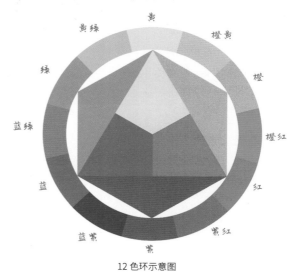

12色环示意图

色环中间隔180°的颜色为互补色，互补色的差异度最高，如黄对紫、红对绿、蓝对橙。间隔30°的颜色为同类色，同类色的差异度最低。间隔90°的颜色为相近色，相近色具有相似性。间隔为120°的颜色为对比色，对比色的差异度相对较高。

颜色的冷暖

不同色相的颜色会给人不同的冷暖感受，颜色据此可分为冷色和暖色两类。冷色会给人一种谨慎、宁静、冰冷的感觉，空间位置相对靠后。暖色会给人一种活跃、激情、温暖和富有表现力的感觉，空间位置相对靠前。颜色的冷暖具有相对性，每种颜色的冷暖都是在比较中产生的，如同属于冷色调中的绿色和蓝色相比较，绿色更暖，蓝色更冷，同属于暖色调中的粉红色和红色相比较，粉红色更冷，红色更暖。所有颜色中的橙色为暖极，带给人最暖的感受；蓝色为冷极，带给人最冷的感受。

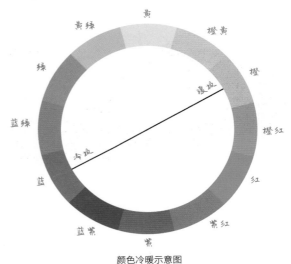

色彩关系类型图　　　　　　　颜色冷暖示意图

8.7.2　色彩的作用

色彩是产品外观设计中的重要因素，往往能够第一时间吸引观者的注意，起到引人注目的作用。

• 对产品类别的作用

产品色彩与产品类别属性有着密切联系。例如，在消防产品设计中，灭火器和消防车通常使用红色作为主要颜色，原因在于红色能够使人联想到火焰，同时能够使人视觉紧张，进而意识到危险；在安全类设备产品设计中，如安全帽、电动工具等，通常会使用黄色、橙色作为主要颜色，这是因为黄色和橙色的穿透性强，能够引人注目；在专业机械设备类产品的设计中，常使用较深沉的暗色，这是为了表现产品的稳重感和专业性。因此，在实际产品设计中，我们可以通过产品上应用的主要颜色来进行产品类别的大致区分。

消防产品色彩应用

- **对外观形态的作用**

产品色彩与外观形态密切相关，外观造型中的产品形态具有一定的情感倾向，色彩亦是如此。例如，在造型夸张的跑车设计上，时常应用鲜艳的红色、张扬的流线型造型共同展现出极具攻击性、速度感和张力的产品特征；在形态圆润的家居产品设计上，时常应用黄色、橙色和棕色等暖色，为的是表现其温暖、温馨、柔软的特质；在形态方正规矩的机械设备设计上，时常应用灰色和蓝色，以强调其稳重、专业、可信赖的产品特征。我们在进行产品色彩与形态匹配时，需要注意将两者的气质相统一，共同发挥表现产品特性的作用。

- **对品牌形象的作用**

产品色彩对品牌形象的塑造具有重要的作用。在竞争日益激烈的市场环境中，企业为了提高品牌的竞争力，越来越重视色彩在产品营销中发挥的作用。企业通过确立产品的"品牌色"，使其生产的产品形成统一的色彩视觉语言，通过色彩上的视觉强化，在消费者的脑海中形成品牌色彩烙印，加深消费者对产品的印象，从而进一步树立企业的品牌形象。

跑车红色应用

各种品牌色

8.7.3 色彩搭配的原则

在进行色彩搭配时，需综合考虑各方面的因素。设计色彩学和色彩心理学的发展为我们提供了丰富的理论知识，接下来重点讲解产品设计手绘领域的配色原则。

- **合理性**

配色有道，我们要从产品功能、外观形态、使用环境、用户人群、时代文化特征、行业属性等方面进行综合考虑，选择最适合的配色方案，突出产品的特性。同时需充分考虑客户和企业的要求，选择适合客户特色和符合企业品牌色的配色方案。市场上的实际产品以灰色调为主，同时添加少量的彩色。全部为彩色配色的产品较为少见，这类产品包括儿童玩具、游乐设施等。

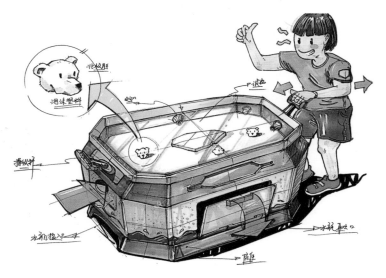

儿童游乐设施设计草图

- **整体性**

在整个产品上或整张产品手绘图中，我们可设定"主色+辅色+点缀色"的整体色彩搭配模式。首先需要确定整体色调，即确定一种主色，其面积占比较大；其次确定辅色，其面积占比较小；最后需添加少量的点缀色，三者的比例大致为7:2:1。将多种颜色搭配使用，才不会使产品或画面过于单调乏味。配色需注意局部细节服从整体，即辅色要与主色搭配和谐统一。一般在手绘中建议采用一种主色，搭配1~2种辅色，整组颜色种类不要超过3种，避免整体颜色过多造成画面杂乱。主色一般用于大面积的产品表现，塑造整体色彩特征，辅色多用于关键的功能模块、引人注目的操作部分和重要的形态结构处，点缀色多用于标记、箭头等说明性、功能性细节部分。需注意，黑、白、灰不算彩色，可利用灰色调来统一画面，同时添加少量彩色进行点缀。

椅子设计手绘图

- **平衡性**

配色时需注意色彩的冷暖、轻重、纯度的平衡，从色相、明度、饱和度三维度寻找整体色调的平衡关系。暖色具有前进性，冷色具有后退性，因此小面积的暖色与大面积的冷色容易达到冷暖的平衡。在进行亮色与暗色的配色时，亮色添加于产品的上部分，暗色添加于产品的底部，可使产品具有稳定性，反之则富有动感；在进行大面积彩色配色时，可有意识地选择色相对比弱的同类色系进行搭配，提高颜色的明度，降低饱和度，以达到整体颜色的平衡。另外，还可以选用大面积的无色系颜色（黑、白、灰）与小面积的高明度、饱和度的彩色进行搭配，以达到色彩的平衡。

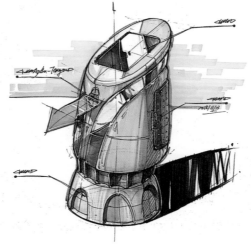

查询机设计手绘图

- ## 层次感

在产品设计手绘中需注意色彩的层次感，要有主次，突出重点。我们可以利用颜色自身具备的胀缩感和进退感来突出层次感。"亮胀暗缩"是指高明度颜色具有扩张感，适合安排在前面；低明度颜色具有收缩感，适合安排在后面。"艳进灰退"是指高饱和度颜色更加引人注目，具有前进感，空间位置靠前；低饱和度颜色具有后退感，空间位置靠后。"暖进冷退"是指暖色具有前进感，空间位置靠前，冷色具有后退感，空间位置靠后。另外，面积也是重要的影响因素，面积大具有前进感，面积小具有后退感。因此，在进行多颜色搭配时，要有意识地将不同色相、明度、饱和度和面积的颜色置于不同位置，增强产品的空间感和立体感。

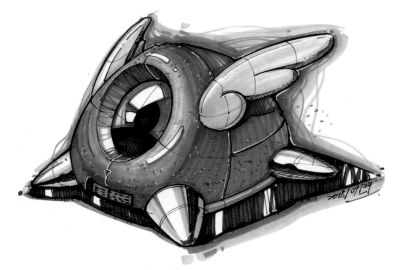

儿童桌面摄像头设计效果图

- ## 节奏感

在产品设计手绘中还需注重配色的节奏感，使产品的色彩富有节奏，变化生动。产品的造型特征和色彩会如同音乐中的节拍一样呈现出规律性的变化。面积、位置、形状及过渡方式的不同，可以使颜色呈现有目的、有规律的节奏变化，使产品外观更具魅力。颜色的面积不能相同，否则会给人一种呆板、过于均衡的印象。颜色的过渡方式分为渐变过渡和跳跃过渡两种，渐变过渡即为柔和的、平缓的变化，细腻自然；跳跃过渡即为干脆的、分隔开的变化，有明显的界线，果断、干净利落。

鞋子设计效果图

▶ 8.8 色彩的绘制练习：早餐机

前面讲解了产品色彩的基础知识，接下来通过一个早餐机的案例具体讲解产品的色彩表现方法，带领大家了解绘制要点。

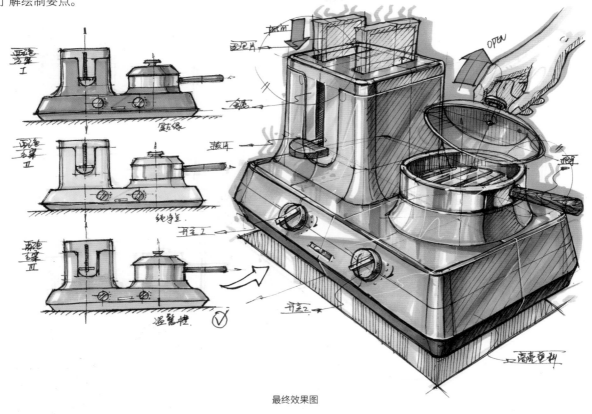

最终效果图

颜色：G46 ▉ G48 ▉ B234 ▉ B236 ▉ YR157 ▉ YR177 ▉ YR156 ▉ E165 ▉
Y226 ▉ CG270 ▉ CG271 ▉ CG272 ▉ CG274 ▉ YG260 ▉ YG262 ▉ YG264 ▉
YG265 ▉

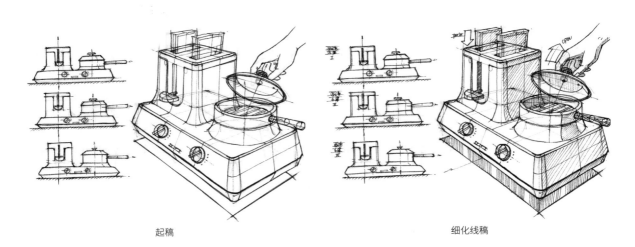

起稿   细化线稿

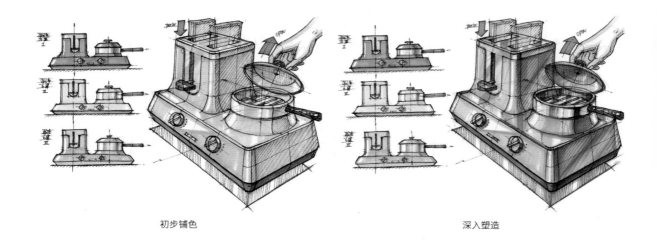

初步铺色　　　　　　　　　　　　　　　　　深入塑造

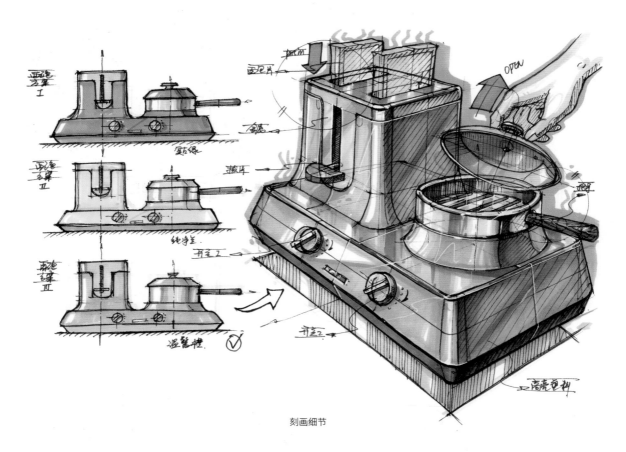

刻画细节

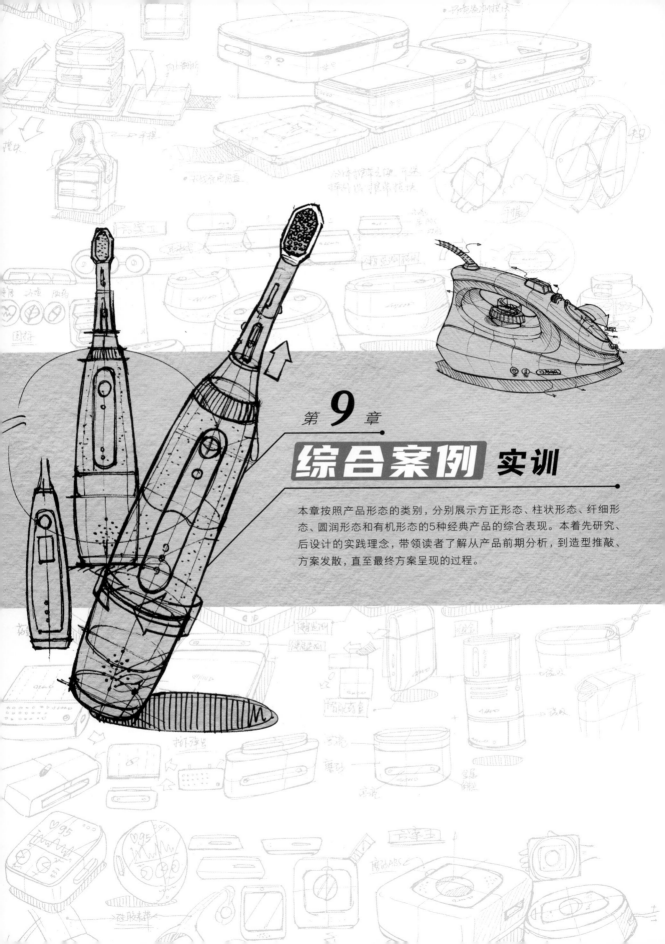

第 **9** 章

综合案例 实训

本章按照产品形态的类别，分别展示方正形态、柱状形态、纤细形态、圆润形态和有机形态的5种经典产品的综合表现。本着先研究、后设计的实践理念，带领读者了解从产品前期分析，到造型推敲、方案发散，直至最终方案呈现的过程。

▷ 9.1 方正形态类产品：打印机

市场上的打印机品牌型号种类较多，划分标准不一。打印机根据打印原理的不同可分为激光打印机和喷墨打印机，根据使用场景的不同又可分为桌面打印机和立式打印机等。下面，选择较为基础的桌面激光打印机进行外观设计的分析讲解。

9.1.1 画前分析

先解剖桌面激光打印机的结构，它包括进纸盒、出纸口、外壳、盖板、底盘、散热孔、把手、电源开关（外部）等。

接着分析打印机的材料、色彩及尺寸。

材料：主要为通用热塑性塑料，加工工艺为模具注塑。

色彩：以黑白灰为主，体现办公使用情景下的高效和整洁。

尺寸：长250mm，宽350mm，高200mm。

通过分析，笔者将产品定位为可满足一般打印需求的小型便捷桌面打印机，其外观造型应在方正形态的基础上进行细节设计，突出高效、整洁和小巧的产品外观特点。

打印机功能部件示意图

> 🔧 **提示** 在对以打印机为代表的办公产品或专业领域设备类产品进行外观造型设计时，因其整体形态的局限性较大，基本上是在方正盒子的基础上进行变化的，无法进行过于夸张的几何造型变化，所以此时几何造型法不太适用。这时可应用分面造型法和动作造型法，使其产生整体或局部微妙的造型变化。

9.1.2 前期发散

在对打印机有了整体了解后，就可以进入打印机的设计环节了。

本案例分别展示不同外观设计方案的发散推敲过程和最终方案的效果图。

颜色：CG269　CG270
CG272　CG273　B234
B236　YR178

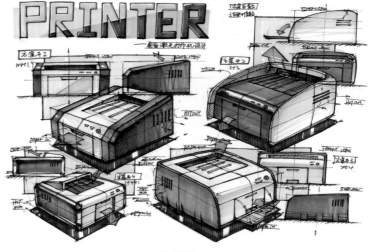

前期发散

• 线稿绘制

01 起稿与标题书写。 先使用CG269▓▓▓书写打印机的英文标题"PRINTER"，然后确定4款方案的位置、大小及基本透视，接着使用0.5号针管笔确定基本构图和版面布局，再使用CG270▓▓▓、CG272▓▓▓、B234▓▓▓和B236▓▓▓给标题上色，并使用高光笔绘制高光和表现反光效果，最后使用0.5号针管笔书写副标题"桌面激光打印机设计"。

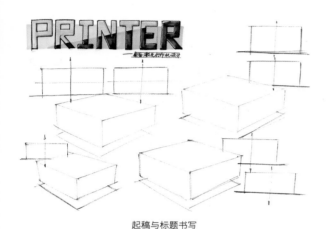

起稿与标题书写

03 绘制方案2草图。 第二款方案整体形态偏圆润，采用3+3的分面方式，外侧的壳对内部主要功能面进行U形包裹，属于嵌套的手法，内外具有一定的落差，形成视觉层次，同时结合倒圆角进一步增强圆润感。曲线化和圆润化的造型处理，使打印机有种向外膨胀的力，给人一种亲近感。这样的打印机特别适合在家庭办公环境中使用。

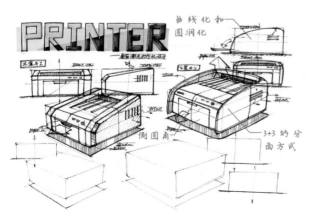

绘制方案 2 草图

02 绘制方案1草图。 从平面图开始进行造型的探讨与交代，绘制出正视图和侧视图，然后根据平面图的产品造型特征，进行立体图的绘制。第一款方案整体形态为方正形态，采用了分面造型法中的1+4+1的分面方式，两侧的外壳包夹着中间的围合外壳。对顶部平面进行斜面化处理，同时结合应用倒切角，使整体造型偏方正硬朗，从而使产品具有一定的工业感和机械感，强调其高效的性能。

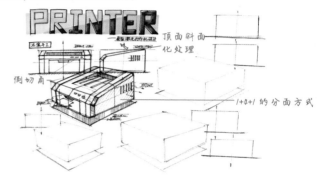

绘制方案 1 草图

提示 在绘制方案的过程中，添加必要的功能指示箭头和文字标注，并时刻记录想要表达的设计信息，形成图文并茂的方案说明，可以提高设计效率。

04 绘制方案3草图。 第三款方案应用2+4的分面方式，使用外部围合面对内部的L形面进行包裹，前面转折倒大圆角，形成圆润的产品特征，与后方的方正感进行调和。细节处同样进行了倒圆角处理，使整体造型和谐统一。对顶面的出纸口进行斜面化处理，向内进行凹陷倾斜，以满足出纸功能的需要。

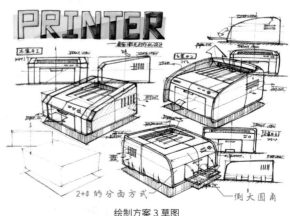

绘制方案 3 草图

提示 内部 L 形面的两端与围合面之间存在一定的厚度，需对其进行明确的分型，使之区别于 3+3 的分面方式。

05 绘制方案4草图。 第四款方案应用与第一款方案一样的1+4+1分面方式，两侧的外壳对中间的围合面进行包夹。使顶部出纸口的凸出，并进行倾斜处理，满足其功能需要。倒角上应用圆角与切角的结合，侧面进行凹凸处理，以突出视觉的层次和落差。整体造型风格类似第三款方案，也属于方圆结合。

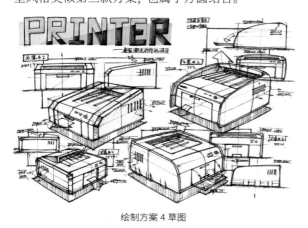

绘制方案 4 草图

• 上色塑造

01 初步上色。 使用CG269████和CG272████对各方案进行分色处理，用马克笔的宽头快速铺色，用细头刻画细节，使每个方案的整体产品形成黑色与白色的分色对比，整体配色均为黑白灰。

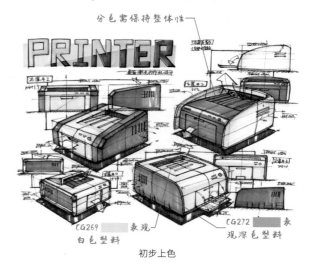

初步上色

> **提示** 在进行分色处理时，注意不要将产品分得过碎、过杂，要保持统一性。尽量使整体的大面形成对比，并在局部细节上进行颜色的呼应，同时控制好颜色面积和深浅，形成整体与局部的统一与变化。

02 深入塑造。 使用CG270████和CG273████对各部分的明暗进行区分，光源位于左上方，加重产品右下部分暗部，塑造形体的立体感。使用醒目的YR178████绘制箭头和电源开关，以引起观者注意。使用B234████对背景进行填充，最终完成前期设计方案的发散工作。

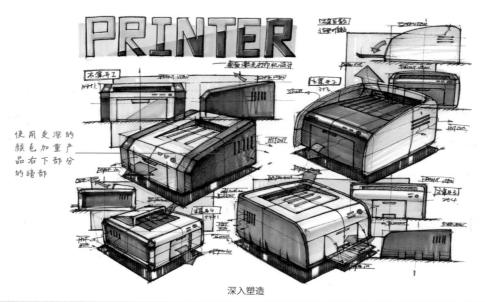

深入塑造

> **提示** 在对前期发散的方案草图进行上色时，简单概括即可，使用较少种类的颜色进行快速表达，不必深入塑造和精细刻画。

9.1.3 最终呈现

总的来看，第三款方圆结合造型风格的方案能够适应更多的使用情景、满足更多用户群体的需求，具有较高的可发展性和深入打磨的价值。以此为基础，结合第四款方案中的凸出式出纸口设计，得到最终方案。

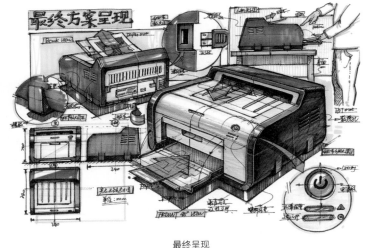

最终呈现

| 颜色: CG269 | CG270 | CG272 | CG273 | YG264 | CG274 | E247 | YR178 |
| R137 | YG24 | YG26 | B236 |

• 线稿绘制

01 绘制主效果图。 主效果图群包括产品前3/4侧立体图、人机关系图和细节图。立体图要画得较大，前方展示进纸盒处放置纸张的状态，通过箭头指示方向，并进行一系列文字引注，对各部件功能、操作方式进行阐述。在人机关系图中，采用侧视图进行人机比例尺度和操作方式的展示。细节放大图对电源开关按钮和指示灯进行放大展示。

02 绘制辅效果图。 辅效果图采用多角度展示，从后3/4侧展示产品的背面造型，并结合箭头绘制表现打印出纸状态，实现产品背面和状态的展示。同时应用细节放大图对底座和USB插口进行放大展示。

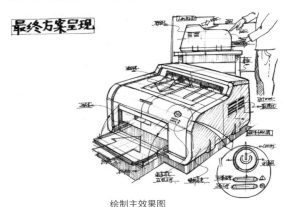

绘制主效果图

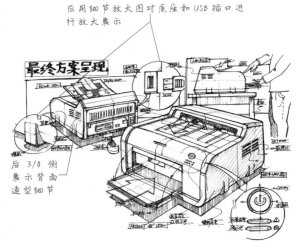

绘制辅效果图

提示 最终的方案需与前期发散时的方案具有延续性。在前期方案的基础上进行优化，以得到最终方案。

提示 在绘制时要有意将辅效果图面积缩小并置于主图后方，与前方的立体图形成对比，构成统一的空间透视，营造出近大远小的空间感，增强整体画面的纵深感和立体感，增强视觉冲击力。

03 绘制三视图并完善线稿。在左下角绘制产品的三视图并添加尺寸标注。检查完善线稿,增加细节和注释等,完成线稿绘制。

- **上色塑造**

01 初步上色。使用CG269██████和CG272██████进行铺色,对产品不同区域进行分色处理,强调分面方式。注意高光处的留白,叠色强调暗面及明暗交界线,保留笔触感,使画面整体更透气。

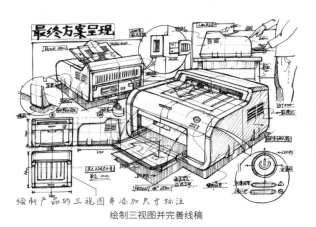

绘制三视图并完善线稿

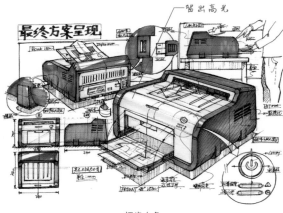

初步上色

02 深入塑造。先使用CG270██████和CG273██████分别对浅色和深色区域的暗部进行加重,强调明暗交界线,并对形体自身产生的投影进行加重,增强整体形态的立体感。然后使用YG264██████对投影进行上色,注意留白的透气性表达,保留笔触感。接着使用E247██████对人机关系图中的桌子进行概括表达,再使用YR178██████绘制箭头和电源开关,最后使用R137██████和YG26██████绘制状态指示灯。

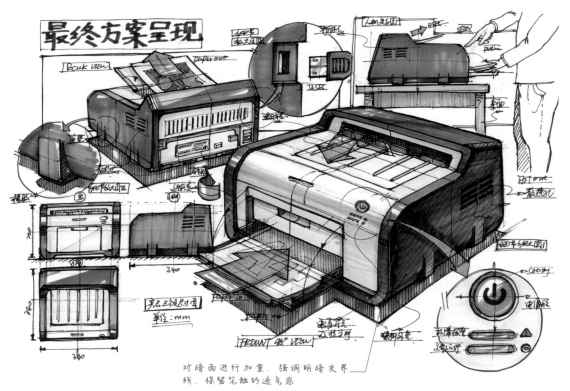

深入塑造

03 刻画细节。 使用B236████进行背景的铺色，形成明度对比和冷暖对比。使用CG274████加重孔洞内部，表现向内的纵深感产生的重色阴影，提高画面的对比度，然后使用YG24████进行小标题的铺色，再使用高光笔和白色彩色铅笔添加高光和反光，使整体画面更精细。

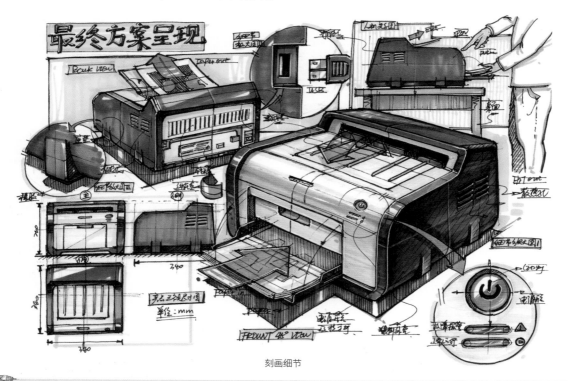

刻画细节

提示 注意不同背景的处理方式。前方的主图应采用勾边式背景，后方的辅效果图应采用矩形框铺色式背景，右上角的人机关系图应采用竖线填充背景，左下角三视图应采用方框式背景。以上几种不同的背景组合呈现出逐步退后的层次关系，明确了信息层级，有效地突出了主体，使画面更有空间感。

9.1.4 画后总结

下面，从造型方法、色彩应用和排版布局3个方面来进行总结。

第一点，如何进行以打印机为代表的方正形态产品的造型设计及深化？

在打印机设计案例实训中，主要应用了分面造型法和动作造型法，对基本形体长方体进行造型变化，做出了4款具有不同造型特征和感受倾向的方案。经初步筛选，将方案3与方案4进行融合，提取各自的优点，得到了最终方案。在分面造型法方面主要应用了1+4+1、2+4、3+3这3种方式。在动作造型法方面主要应用了加减、凹凸、切削、倒角、分割和倾斜等造型手法，综合立体地呈现产品的外观造型，打造出适合专业办公和家庭办公环境的产品外观形态，以覆盖更多的用户群体。

第二点，如何对工具设备类产品进行色彩设计及版面配色？

产品主体采用了黑白灰的素雅配色，延续了行业配色习惯，符合办公情景下理性、简洁、不突兀的色彩心理特征，突出专业性。在局部的开关按钮上应用了醒目的橙色，以引导用户正确进行操作。背景色选择天蓝色进行搭配，进一步突出产品专业、高效、整洁的特质，同时与箭头的橙色形成冷暖对比，增强了画面的空间感和层次感。

第三点，如何进行方正形态产品的排版布局？

在前期方案发散阶段进行了较为均衡的排版方式，4款方案的图稿各自形成团块聚集感，并通过矩形背景得到进一步区分。立体图与平面图有一定的叠压，形成了丰富的前后层次关系，参差错落地向观者展示了4款不同的方案，一目了然且富于变化，不使人有呆板、枯燥乏味之感。最终效果图展示阶段将主图安排在右下角的视觉焦点处，使整个画面较为沉稳，结合辅效果图的多角度展示和平面图的人机关系展示，共同构建出整幅画面的立体空间，纵深感较强，视觉层次恰到好处。

以下是更多打印机造型设计的草图。

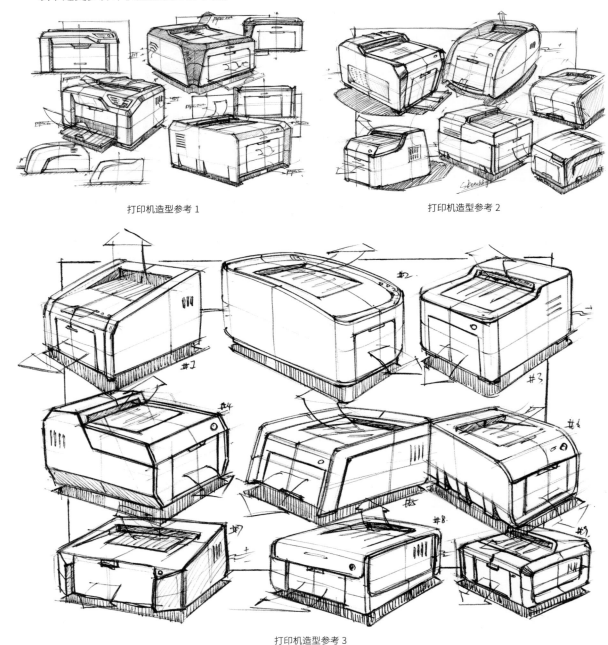

打印机造型参考1　　　　　　　　　　　　　　　打印机造型参考2

打印机造型参考3

9.2 柱状形态类产品：加湿器

　　加湿器根据使用场景的不同可分为大型专业场所加湿器与家用加湿器，家用加湿器中根据体积大小的不同又可分为小型桌面式加湿器、大型落地式加湿器和袖珍便携式加湿器等。

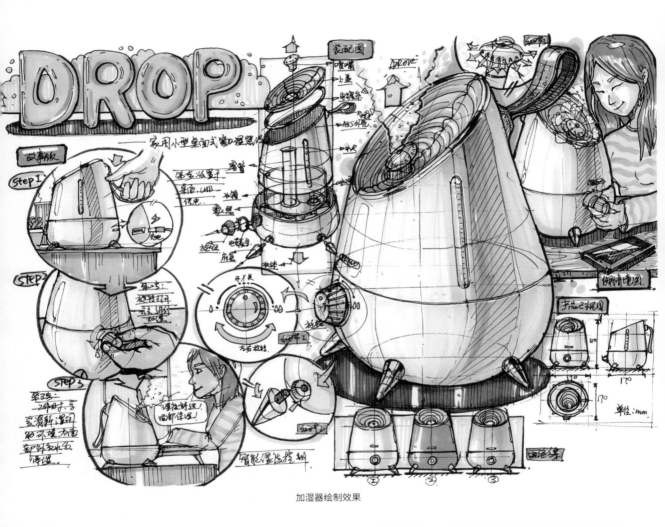

加湿器绘制效果

提示 可以观看教学视频了解详细绘制步骤。

9.3 纤细形态类产品：电动牙刷

  电动牙刷是常见的清洁工具。市面上的电动牙刷品牌和种类众多，根据应用技术的不同，可大致划分为单纯机械式牙刷、声波牙刷、超声波牙刷和电动喷雾牙刷等；根据适用人群的不同，可分为儿童牙刷和成人牙刷；根据刷头运动方式的不同，可分为声波震动式牙刷、直线运动式牙刷和旋转运动式牙刷等。

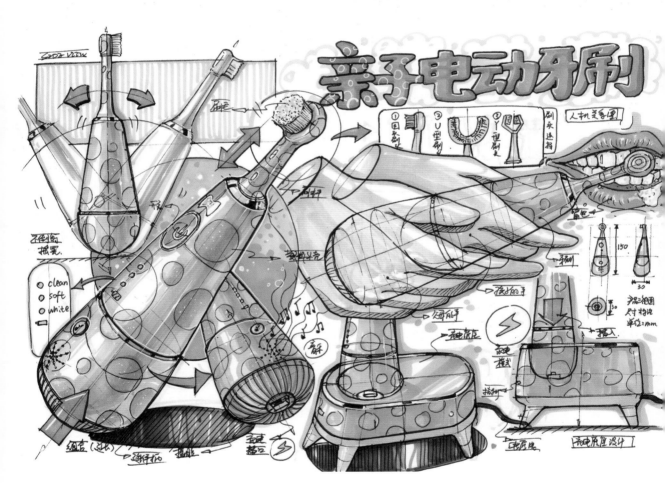

电动牙刷绘制效果

9.4 圆润形态类产品：宠物窝

　　市面上的宠物窝种类多样，按功能丰富程度大致可分为普通款和智能款两种。普通款功能较为单一，而智能款功能较多，具有冷暖控制、远程操控、实时监控和通风祛味等附加功能。除此之外，还可根据宠物种类和大小细分为大号、中号、小号。一般的普通款小型宠物窝为小型猫犬通用，我们选择此类简单的普通款宠物窝进行外观设计，其造型在智能款设计中具有参考性。

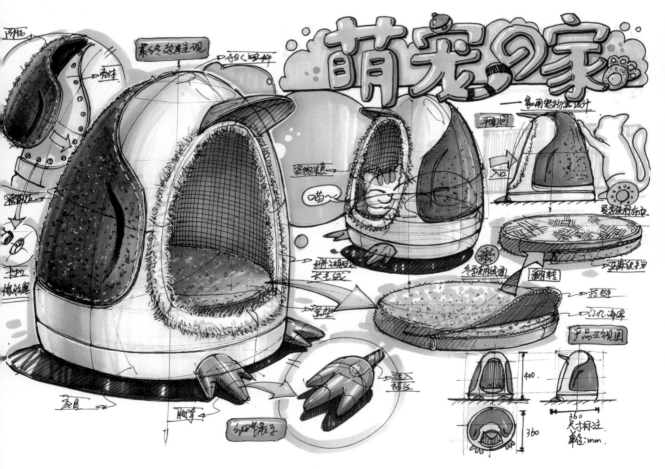

宠物窝绘制效果

▷ 9.5 有机形态类产品：电熨斗

电熨斗是常见的手持类衣物护理小家电，按大小可大致分为大型、中型和迷你型；按功率可分为大功率（1300W）、中等功率（800~1000W）和小功率（300~500W）。现在市场上常见的电熨斗有普通电熨斗、调温电熨斗和蒸汽电熨斗等。

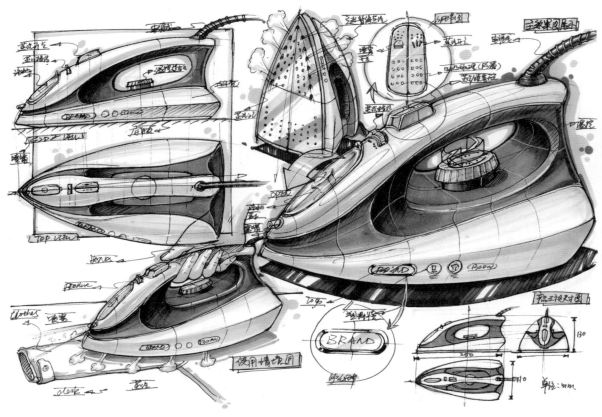

电熨斗绘制效果